上海市工程建设规范

市政地下空间建筑信息模型应用标准

Application standard for building information modeling in municipal underground space

DG/TJ 08－2311－2019

J 15030－2020

主编单位：上海市政工程设计研究总院(集团)有限公司

批准部门：上海市住房和城乡建设管理委员会

施行日期：2020 年 6 月 1 日

同济大学出版社

2020　上海

图书在版编目(CIP)数据

市政地下空间建筑信息模型应用标准/上海市政工程设计研究总院(集团)有限公司主编.--上海:同济大学出版社,2020.6

ISBN 978-7-5608-9207-8

Ⅰ.①市… Ⅱ.①上… Ⅲ.①城市建设—地下建筑物—模型(建筑)—标准—上海 Ⅳ.①TU984.251-65

中国版本图书馆 CIP 数据核字(2020)第 043586 号

市政地下空间建筑信息模型应用标准

上海市政工程设计研究总院(集团)有限公司 主编

策划编辑 张平官

责任编辑 朱 勇

责任校对 徐春莲

封面设计 陈益平

出版发行 同济大学出版社 www.tongjipress.com.cn

(地址:上海市四平路 1239 号 邮编:200092 电话:021—65985622)

经 销 全国各地新华书店

印 刷 浦江求真印务有限公司

开 本 889mm×1194mm 1/32

印 张 9.5

字 数 255000

版 次 2020 年 6 月第 1 版 2020 年 6 月第 1 次印刷

书 号 ISBN 978-7-5608-9207-8

定 价 80.00 元

上海市住房和城乡建设管理委员会文件

沪建标定〔2020〕40号

上海市住房和城乡建设管理委员会
关于批准《市政地下空间建筑信息模型应用标准》为上海市工程建设规范的通知

各有关单位：

由上海市政工程设计研究总院（集团）有限公司主编的《市政地下空间建筑信息模型应用标准》，经我委审核，现批准为上海市工程建设规范，统一编号为DG/TJ 08－2311－2019，自2020年6月1日起实施。

本规范由上海市住房和城乡建设管理委员会负责管理，上海市政工程设计研究总院（集团）有限公司负责解释。

特此通知。

上海市住房和城乡建设管理委员会

二〇二〇年一月十七日

前言

根据上海市住房和城乡建设管理委员会《关于印发〈2017年上海市工程建设规范编制计划〉的通知》(沪建标定〔2016〕1076号)的要求,由上海市政工程设计研究总院(集团)有限公司会同相关单位开展标准编制工作。在编制过程中,标准编制组进行广泛调研,开展专题研究,借鉴国内外先进经验,经过反复讨论并在广泛征求意见的基础上,制定了本标准。

本标准共分为15个章节和3个附录,主要内容包括:总则;术语;基本规定;模型创建;模型管理;信息管理;协同工作;主要应用;规划方案阶段应用;初步设计阶段应用;施工图设计阶段应用;施工图深化设计阶段应用;施工准备阶段应用;施工阶段应用;运维阶段应用;附录A;附录B;附录C。

各有关单位和相关人员在执行本标准过程中,如有任何意见和建议,请反馈至上海市政工程设计研究总院(集团)有限公司(联系地址:上海市中山北二路901号;邮编:200092),或上海市建筑建材业市场管理总站(地址:上海市小木桥路683号;邮编:200032;E-mail:bzglk@zjw.sh.gov.cn),以供今后修订时参考。

主 编 单 位:上海市政工程设计研究总院(集团)有限公司

参 编 单 位:上海城投公路投资(集团)有限公司
上海勘察设计研究院(集团)有限公司
上海市城市建设设计研究总院(集团)有限公司
上海市隧道工程轨道交通设计研究院
上海市基础工程集团有限公司
上海建科工程咨询有限公司
同济大学

主要编制人员:张吕伟　蒋力俭　张　亮　刘艳滨　张　湄
吴军伟　翁　伟　周红波　杨海涛　范益群
孟　柯　杨石飞　漏家俊　周　彪　卓鹏飞

参与编制人员:刘　斐　黄秋亮　徐晓宇　许　杰　蔡国栋
杨　清　曾莎洁

主要审查人员:高承勇　姚守俨　王国俭　李　杰　张家春
刘　建　余芳强

上海市建筑建材业市场管理总站

2019 年 11 月

目次

1 总 则 …………………………………………………………… 1
2 术 语 …………………………………………………………… 2
3 基本规定 ………………………………………………………… 4
4 模型创建 ………………………………………………………… 5
4.1 一般规定 …………………………………………………… 5
4.2 模型单元 …………………………………………………… 5
4.3 精细度等级 ………………………………………………… 6
4.4 几何表达精度等级 ………………………………………… 6
4.5 建模规则 …………………………………………………… 7
5 模型管理 ………………………………………………………… 8
5.1 一般规定 …………………………………………………… 8
5.2 模型质量 …………………………………………………… 8
5.3 模型交付 …………………………………………………… 8
5.4 管理要求 …………………………………………………… 9
5.5 模型安全 …………………………………………………… 9
6 信息管理 ………………………………………………………… 11
6.1 一般规定 …………………………………………………… 11
6.2 模型信息 …………………………………………………… 11
6.3 信息共享 …………………………………………………… 12
6.4 信息交付 …………………………………………………… 12
7 协同工作 ………………………………………………………… 14
7.1 一般规定 …………………………………………………… 14
7.2 协同工作平台 ……………………………………………… 14
7.3 统一命名 …………………………………………………… 14

8 主要应用 …………………………………………………………… 16
8.1 一般规定 ………………………………………………………… 16
8.2 模型应用 ………………………………………………………… 16
9 规划方案阶段应用 ……………………………………………… 21
9.1 场地仿真分析 …………………………………………………… 21
9.2 交通仿真模拟 …………………………………………………… 22
9.3 突发事件模拟 …………………………………………………… 24
9.4 规划方案比选 …………………………………………………… 26
9.5 虚拟仿真漫游 …………………………………………………… 28
10 初步设计阶段应用 ……………………………………………… 30
10.1 交通标志标线仿真 …………………………………………… 30
10.2 管线搬迁模拟 ………………………………………………… 31
10.3 道路翻交模拟 ………………………………………………… 33
11 施工图设计阶段应用 …………………………………………… 36
11.1 管线综合与碰撞检查 ………………………………………… 36
11.2 工程量复核 …………………………………………………… 37
11.3 装修效果仿真 ………………………………………………… 39
12 施工图深化设计阶段应用 ……………………………………… 41
12.1 机电管线深化设计 …………………………………………… 41
12.2 预制混凝土构件深化设计 …………………………………… 43
13 施工准备阶段应用 ……………………………………………… 45
13.1 施工场地规划 ………………………………………………… 45
13.2 预制构件大型设备运输和安装模拟 ………………………… 47
13.3 施工方案模拟 ………………………………………………… 48
14 施工阶段应用 …………………………………………………… 51
14.1 预制混凝土构件加工 ………………………………………… 51
14.2 设备和材料管理 ……………………………………………… 53
14.3 进度管理 ……………………………………………………… 54
14.4 成本管理 ……………………………………………………… 57

14.5　质量管理 …………………………………… 59
14.6　安全管理 …………………………………… 61
14.7　竣工验收和交付 ……………………………… 63
15　运维阶段应用 …………………………………… 66
15.1　一般规定 …………………………………… 66
15.2　维护管理 …………………………………… 66
15.3　应急管理 …………………………………… 68
15.4　资产管理 …………………………………… 69
15.5　设备集成与监控 ……………………………… 70
附录A　模型单元精细度等级 ………………………… 72
附录B　模型几何表达精度等级 ……………………… 86
附录C　模型信息深度等级 ………………………… 116
本标准用词说明 …………………………………… 234
引用标准名录 ……………………………………… 235
条文说明 ………………………………………… 237

Contents

1 General provisions ………………………………………… 1
2 Terms ………………………………………………………… 2
3 Basic requirements ……………………………………… 4
4 Model creation ……………………………………………… 5
4.1 General requirements ………………………………… 5
4.2 Model unit …………………………………………… 5
4.3 Level of development ………………………………… 6
4.4 Level of geometric detail …………………………… 6
4.5 Modeling rules ………………………………………… 7
5 Model management ……………………………………… 8
5.1 General requirements ………………………………… 8
5.2 Model quality ………………………………………… 8
5.3 Model delivery ………………………………………… 8
5.4 Management requirements ………………………… 9
5.5 Model safety …………………………………………… 9
6 Data management ………………………………………… 11
6.1 General requirements ………………………………… 11
6.2 Model data …………………………………………… 11
6.3 Data sharing …………………………………………… 12
6.4 Data delivery ………………………………………… 12
7 Collaborative working …………………………………… 14
7.1 General requirements ………………………………… 14
7.2 Collaboration platform ……………………………… 14
7.3 Uniform naming ……………………………………… 14

8 Main Application ······ 16
8.1 General requirements ······ 16
8.2 Model application ······ 16
9 Schematic design phase ······ 21
9.1 Site simulation analysis ······ 21
9.2 Traffic simulation ······ 22
9.3 Incident simulation ······ 24
9.4 Planning schematic design comparison ······ 26
9.5 Virtual simulation roaming ······ 28
10 Preliminary design phase ······ 30
10.1 Traffic sign and marking simulation ······ 30
10.2 Pipeline transformation simulation ······ 31
10.3 Roads turnover simulation ······ 33
11 Design phase for construction documents ······ 36
11.1 Comprehension and collision detection for MEP ······ 36
11.2 Engineering quantity review ······ 37
11.3 Decoration effect simulation ······ 39
12 Detailed design phase for construction documents ······ 41
12.1 MEP detail design ······ 41
12.2 Prefabricated concrete component detail design ······ 43
13 Construction preparation phase ······ 45
13.1 Construction site planning ······ 45
13.2 Transportation and installation simulation of large equipment for prefabricated component ······ 47
13.3 Construction plan simulation ······ 48
14 Construction phase ······ 51
14.1 Precast concrete component processing ······ 51

14.2 Equipment and materials management ······ 53
14.3 Schedule management ······ 54
14.4 Cost management ······ 57
14.5 Quality management ······ 59
14.6 Safety management ······ 61
14.7 Completion acceptance and delivery ······ 63
15 Operation and maintenance phase ······ 66
15.1 General requirements ······ 66
15.2 Maintenance management ······ 66
15.3 Emergency management ······ 68
15.4 Asset management ······ 69
15.5 Equipment integration and monitoring ······ 70
Appendix A Level of development for model ······ 72
Appendix B Level of geometric detail for model ······ 86
Appendix C Level of information detail for model ······ 116
Explanation of wording in this standard ······ 234
List of quoted standards ······ 235
Explanation of provisions ······ 237

1 总 则

1.0.1 为贯彻执行国家和上海市技术经济政策，支撑工程建设信息化实施，规范和引导市政地下空间建筑信息模型应用，统一应用要求，提高信息应用效率和效益，制定本标准。

1.0.2 本标准适用于上海市新建、改建、扩建和大修的城市道路隧道、地下人行通道、地下综合体（不含轨道交通）、综合管廊等市政地下空间工程全生命周期建筑信息模型的创建、应用和管理。

1.0.3 上海市市政地下空间工程建筑信息模型的应用，除应符合本标准外，尚应符合国家和上海市现行有关标准的规定。

2 术 语

2.0.1 市政地下空间工程建筑信息模型 building information model for municipal underground space engineering

以三维图形和数据信息集成技术为基础，对市政地下空间工程或其组成部分全生命周期的物理特征、功能特性及管理要素等共享信息应用的数字化表达，简称模型。

2.0.2 市政地下空间工程建筑信息模型应用 application of building information modeling for municipal underground space engineering

在市政地下空间工程全生命周期内，对模型信息进行提取、检查、分析、优化、更新等的过程，简称模型应用。

2.0.3 子模型 submodel

以工程专业及管理分工为对象的模型。

2.0.4 模型体系 model system

工程项目全生命周期中一个或多个阶段的多个子模型及相关的模型单元和数据，并可在各个相关方之间共享和应用。

2.0.5 模型交付 model delivery

根据工程项目的应用需求，将三维模型等相关信息传递给需求方的行为。

2.0.6 信息交付 information delivery

根据工程项目的应用需求，将模型信息传递给需求方的行为。

2.0.7 交付物 deliverable

根据工程项目的应用需求，基于模型的各种数字化表达物。

2.0.8 模型单元 model unit

承载数据的模型及其相关属性的集合，是数据输入、交付和管理的基本对象。

2.0.9 最小模型单元 minimal model unit

根据项目的应用需求而分解和交付的最小级别的模型单元。

2.0.10 几何信息 geometrical information

模型单元几何形体和外部空间位置信息的集合。

2.0.11 非几何信息 non-geometrical information

除模型单元几何信息以外的所有信息集合。

2.0.12 基准点 basic point

具有明确且易于识别和定位的模型特征点。

2.0.13 模型精细度 level of development(LOD)

模型中所容纳模型单元丰富程度的衡量指标，简称 Lx。

2.0.14 几何表达精度 level of geometric detail

模型单元实体几何表达的精确性衡量指标，简称 Gx。

2.0.15 信息深度 level of information detail

模型单元承载信息的详细程度衡量指标，简称 Nx。

3 基本规定

3.0.1 模型应用初期应制定应用方案，指导 BIM 实施和过程管理。

3.0.2 模型应用目标和内容应根据项目特点、合约要求，以及参与 BIM 应用各方的应用需求而确定。

3.0.3 全生命周期可划分为规划方案、初步设计、施工图设计、施工图深化设计、施工准备、施工、运维阶段。不同阶段应建立阶段模型进行存储、传递和管理。模型应用可根据项目实际需求进行全生命周期各阶段应用，也可进行部分阶段、环节或任务的应用。

3.0.4 模型所包含的信息以及交付物应满足地下空间工程项目的管理应用需求。

3.0.5 模型宜在工程项目全生命周期的各个阶段共享和应用，并应保持协调一致。

3.0.6 BIM 软件应根据模型创建、共享协作、数据交互、融合应用等需求进行选型。

3.0.7 BIM 成果应包括三维模型及附属数据集。

4 模型创建

4.1 一般规定

4.1.1 各阶段交付模型应在完成所在工程阶段应用后形成，应具有连续性与继承性，后续阶段宜继承前置阶段的模型，避免重复建模。

4.1.2 模型单元应在工程项目全生命周期内被唯一识别。

4.1.3 模型、子模型及其共享数据应能在工程项目全生命周期各阶段、各任务和各相关方之间共享和应用。

4.1.4 通过项目各方获取的子模型信息应具有唯一性。采用不同方式表达的子模型信息应具有一致性。

4.1.5 模型体系应具有开放性、可继承性、可扩展性。

4.2 模型单元

4.2.1 模型单元等级宜分为项目级、功能级、构件级、零件级四个层次。

4.2.2 项目级模型单元应具有项目、子项目或局部工程信息。

4.2.3 功能级模型单元应具有完整功能的子模型或空间信息。

4.2.4 构件级模型单元应具有单一的构配件或产品信息。

4.2.5 零件级模型单元应具有从属于构配件、产品的组成零件和安装零件信息。

4.2.6 项目级模型单元、功能级模型单元应采用国家2000坐标系和上海吴淞高程系统。

4.3 精细度等级

4.3.1 模型包含的最小模型单元应符合模型精细度等级的规定。

4.3.2 模型精细度等级的划分原则应符合表4.3.2的规定。

表4.3.2 模型精细度等级的划分原则

等级	模型要求	对应最小模型单元
L1	工程基本信息描述及模型概念表达,包含模型的基础构件及组成信息,用于概念方案的可视化表达、可行性研究等基础分析	项目级模型单元
L2	工程基本信息描述及模型初步表达,包含模型主体组成构件的基本信息,用于初拟方案的系统表达、空间详细分析,以及为工程经济分析提供基础数据等	功能级模型单元
L3	工程基本信息描述及模型精确表达,包含模型主体组成构件全部设计信息(类型、定位、参数、基本尺寸、规格及材料、性能信息等),用于项目的碰撞检测、进度模拟、成本预算以及主要构件的结构分析、运维管理等应用	构件级模型单元
L4	满足部分构件设备的精细加工制造、安装等	零件级模型单元

4.3.3 模型精细度等级应符合本标准附录A的要求。

4.4 几何表达精度等级

4.4.1 模型单元的几何表达精度等级的划分原则应符合表4.4.1的规定。

表 4.4.1 模型几何表达精度等级的划分原则

等级	等级要求
G1	对象的占位符号，不设置比例。通常是电气符号、二维图元、CAD 样式等非三维对象
G2	简单的三维占位图元，包含少量的细节和尺寸，使用统一材质，应满足仅供辨识的表达要求
G3	建模详细度足以辨别出单元的类型及组件材质。通常包含三维细节，应满足大多数项目设计表达要求
G4	模型的位置、几何，应满足生产加工、采购招标、施工管理和竣工验收等表达要求

4.4.2 模型单元的几何表达精度等级应符合本标准附录 B 的要求。

4.5 建模规则

4.5.1 模型拆分应考虑模型应用，根据阶段、用途、专业形成满足应用要求子模型，并考虑子模型的续用性。各子模型应相对独立。

4.5.2 模型创建应使用统一的单位与度量制。

4.5.3 模型宜在专业分工和协同环境中创建。

4.5.4 在满足应用需求的前提下，应选取较低等级的几何表达精度，不同的模型单元可选取不同的几何表达精度。

5 模型管理

5.1 一般规定

5.1.1 模型的建立、传递、交付过程应以模型单元作为基本对象。

5.1.2 模型交付应满足本阶段、跨阶段和工程项目全生命周期内的多任务模型应用。

5.1.3 模型创建前，应根据工程项目需要，对各个阶段的子模型种类和数量进行总体规划。

5.1.4 各相关方应针对任务需求商定子模型的建立和协调规则。

5.1.5 模型应用应建立工程项目全生命周期的数据存储与维护更新机制。

5.2 模型质量

5.2.1 模型交付前应进行模型正确性、一致性和合规性检查，确保模型质量可靠，符合模型应用和交付要求。

5.2.2 宜采用模拟、仿真、设计评审、指标分析、碰撞检查、现场比对等方式进行模型检查验证，并编制质量检查报告。

5.3 模型交付

5.3.1 模型交付应符合下列规定：

1 宜以通用数据格式传递模型信息。

2　不宜采用超越项目应用需求的模型精细度。

3　模型精细度应满足现行有关工程文件编制深度规定。

4　应采取必要措施确保模型信息不被编辑篡改。

5　同一项目范围内，宜约定统一交付格式和版本。

5.3.2　模型交付应包括模型信息集，以及获取和浏览这些信息的方法说明或数据交换说明。

5.3.3　模型交付宜包含必要的视图、表格、文档、多媒体及超链接等表达方式。

5.4　管理要求

5.4.1　模型应进行版本管理，交付模型应标注版本信息，并保证交付文件的唯一性。

5.4.2　模型应进行变更管理，并符合下列规定：

1　模型变更应同步更新相关文件及数据。

2　变更模型宜仅包含发生变更的模型构件和信息，并附变更描述文件。

3　变更模型的模型精细度不应低于原模型。

5.4.3　模型应进行信息管理，并符合下列规定：

1　对模型信息进行增加、删除和修改时，应进行权限管理并记录留痕。

2　模型信息应允许浏览、查询和引用。

5.5　模型安全

5.5.1　根据业务和安全要求宜建立模型访问权限和控制措施，访问记录应能够追溯。

5.5.2　模型交付物存储系统宜采取运行监控和可靠运行的措施。

5.5.3 模型交付时，应采取信息安全措施，以保证模型信息的安全性、完整性、可用性。

5.5.4 模型交付物应建立备份机制，定期备份模型信息，确保模型信息灾后可恢复。

6 信息管理

6.1 一般规定

6.1.1 模型在工程项目全生命周期内应采用统一的数据格式和命名规则。

6.1.2 模型信息交付应满足工程项目各阶段、各相关方对数据进行获取、更新、修改和管理等需要。

6.1.3 模型应用之间的数据传递宜采用通用格式。采用项目相关方约定的格式时,应满足模型信息转换与共享的要求。

6.1.4 模型应用成果应及时存储与归档,最终应用成果应采用原模型数据格式与通用数据格式共同存储。

6.1.5 模型信息应进行更新维护,信息输入方应确保输入数据的准确性与完整性。

6.1.6 模型单元的实体几何表达与属性信息不一致时,应以属性信息作为优先采用的有效信息。

6.2 模型信息

6.2.1 模型信息应包括几何信息和非几何信息。

6.2.2 模型信息应以构件属性以及构件与数据表单、文档链接映射的形式进行存储、表达。

6.2.3 模型信息深度等级的划分原则应符合表 6.2.3 的规定。

表 6.2.3 模型信息深度等级的划分原则

等级	模型信息	数据类别	应用
N1	设计环境总体布置、定位等；技术经济指标以及场地工程地质、水文地质、气候等	总体数据 环境数据	项目的整体分析及总体表达等
N2	设施设备的控制数据、系统性能参数、设备配置等数据	设计数据	系统分析、空间性能分析及具体表达等
N3	设施设备的详细尺寸、规格数据、技术参数、施工、安装等数据	施工数据	碰撞检查、施工进度模拟、设备材料预算及局部详细表达等
N4	设施设备的竣工、运维等数据	竣工、运维数据	竣工验收、运维管理

6.3 信息共享

6.3.1 工程项目全生命周期内各个阶段模型数据应共享。

6.3.2 模型信息应具有唯一性，采用不同方式表达的数据应具有一致性，不宜包含冗余数据。

6.3.3 模型信息共享平台应记录数据所有权的状态、数据的建立者与编辑者、建立和编辑的时间以及所使用的软件工具及版本。

6.3.4 项目相关方应商定模型信息互用协议，明确模型互用的内容、格式。

6.4 信息交付

6.4.1 信息交付前，应进行正确性、协调性和一致性检查，并应满足下列要求：

1 模型信息应经过审核。

2 模型信息应是最新版本。

3 模型信息内容和格式应符合项目的数据互用协议。

6.4.2 数据接收方在使用互用数据前,应进行确认和核对。

6.4.3 信息深度等级应符合本标准附录C的要求。

7 协同工作

7.1 一般规定

7.1.1 在项目某一阶段、跨阶段以及跨地域 BIM 实施时,应采用各参与方协同工作方式。

7.1.2 协同工作流程应根据项目实施要求确定。

7.1.3 模型应用宜在协同工作平台上进行,模型应与相关的数据、文档相关联。

7.2 协同工作平台

7.2.1 协同工作平台应包含项目组织架构、交付物、交付计划及实施流程等管理因素。

7.2.2 协同工作平台的实施流程应反映项目的实施节点、任务流转状态、验收条件间的动态关系。

7.2.3 协同工作平台应明确工作职责和范围,并设置参与方职责、权限。

7.2.4 协同工作平台的功能应满足项目各阶段模型应用、文件安全存储和共享管理需求,宜进行跨阶段、跨平台文件传输和信息技术集成应用。

7.3 统一命名

7.3.1 模型及其交付物电子文件夹的命名应符合下列规定:

1 文件夹的命名应包含顺序码、项目、分区或系统、工程阶段、数据类型和补充的描述信息。

2 文件夹的命名宜使用汉字、英文字符及数字的组合。

7.3.2 模型、模型单元以及模型信息的命名、分类和编码参照现行国家标准《建筑信息模型分类和编码标准》GB/T 51269、《建筑信息模型设计交付标准》GB/T 51301 的规定。

8 主要应用

8.1 一般规定

8.1.1 全生命周期模型应用应以解决项目实施的重点和难点为目标，体现 BIM 应用价值。

8.1.2 全生命周期模型应用所需的基础数据应基于模型信息，应用所产生的数据应及时关联至模型。

8.1.3 模型精细度等级应确保各阶段模型衔接和传递。

8.2 模型应用

8.2.1 全生命周期模型应用宜满足表 8.2.1 的要求。

表 8.2.1 全生命周期模型应用总览

序号	阶段	应用	内容
1	规划方案阶段	场地仿真分析	创建地下空间工程场地分析模型，集成 3D 扫描、三维地质、GIS 等数据信息，检查地下空间工程与红线、绿线、河道蓝线、高压黄线及周边建(构)筑物的距离关系，进行场地高程、坡度、断面、填挖量等分析，优化场地设计方案
2		交通仿真模拟	创建交通仿真模型，进行道路和交通环境仿真模拟，仿真测试交通信号配时方案和信号优先策略，优化地下空间工程交通设计方案
3		突发事件模拟	创建突发事件模拟模型，进行消防疏散、交通事故、洪涝灾害等突发事件模拟，验证设计方案、应急预案可靠性，为项目决策提供依据

续表 8.2.1

序号	阶段	应用	内容
4	规划方案阶段	规划方案比选	创建地下空间工程规划方案模型，利用 BIM 三维可视化、模拟分析等特性展现不同设计方案的特点，进行规划方案比选、评审
5		虚拟仿真漫游	创建虚拟仿真漫游模型，设定视点和漫游路径，动态体验地下空间工程空间布局和功能设置，表达设计艺术，检查设计方案可行性
6	初步设计阶段	交通标志标线仿真	创建交通标志标线仿真模型，进行交通标志标线仿真分析，模拟交通场景，优化标志标线设计
7		管线搬迁模拟	创建管线搬迁模拟模型，依据项目进度分阶段进行管线搬迁过程模拟，优化管线搬迁方案
8		道路翻交模拟	创建道路翻交模型，依据项目进度分阶段进行交通疏解、临时道口铺设、安全文明施工模拟，优化道路翻交方案
9	施工图设计阶段	管线综合与碰撞检查	创建各专业管线模型，进行机电专业内部、专业之间以及与建筑、结构、装饰等碰撞检查、综合协调，优化管线空间布局，规避施工风险
10		工程量复核	创建工程量复核模型，根据分部分项工程量清单与计价要求，进行工程量计算，生成工程量清单，与其他计算方式进行对比分析，复核各分部分项工程量
11		装修效果仿真	创建装修效果仿真模型，赋予构件材质纹理，设定光影效果、配景、环境、漫游路径等信息，进行装饰装修效果漫游体验和仿真分析，优化装饰装修设计方案

续表 8.2.1

序号	阶段	应用	内容
12	施工图深化设计阶段	机电管线深化设计	创建机电管线深化设计模型，进行设备选型、设备布置、专业协调、管线综合、净空优化、参数复核、支吊架设计和荷载验算、机电末端和预留预埋定位等应用，输出深化设计图和工程量统计表等，指导管线加工和现场施工
13		预制混凝土构件深化设计	创建预制混凝土构件深化设计模型，进行预制构件平面布置、构件拆分、构件设计、节点设计等应用，输出深化设计图和工程量统计表等，指导构件加工和现场施工
14	施工准备阶段	施工场地规划	创建施工场地规划模型，依据施工组织设计分阶段进行场地地形、周边环境、施工区域、临时道路、临时设施、加工区域、材料堆场、临水临电、施工机械、安全文明施工设施等规划布置和模拟分析，优化施工场地规划方案
15		预制构件大型设备运输和安装模拟	创建预制构件大型设备运输、安装模型，对设备运输、安装、检修的路径、空间、工序、资源等进行模拟分析，优化设备运输和安装方案
16		施工方案模拟	对于施工难度大、复杂以及采用新技术、新工艺、新设备、新材料的施工方案，通过创建施工方案模拟进行施工工艺、工序、进度计划、资源计划等方面分析，优化施工方案
17	施工阶段	预制混凝土构件加工	创建预制混凝土构件加工模型，进行预制构件加工工艺设计、加工生产、成品管理等应用，输出构件加工图、生产备料单、生产计划等，指导预制构件加工管理
18		设备和材料管理	创建设备和材料管理模型，进行需求计划编制、材料采购、存储管理、数量统计、提料管理等应用，优化材料采购和存储模式，实现作业面准确提料，减少材料二次搬运，降低材料管理成本，减少浪费
19		进度管理	创建进度管理模型，进行施工进度计划模拟，优化施工进度计划。同时，进行实际进度与计划进度跟踪对比分析，以便进行进度预警和计划调整，有效控制施工进度

续表 8.2.1

序号	阶段	应用	内容
20	施工阶段	成本管理	创建成本管理模型,依据清单规范、消耗量定额确定工程量清单项目,进行工程量计算和造价计算,结合施工进度计划制定成本计划。同时,进行实际成本与计划成本对比分析,成本预警和纠偏,实现施工成本精准管理
21		质量管理	创建质量管理模型,依据质量验收规程、施工进度等进行质量验收计划编制、质量验收、质量问题处理和分析等应用,实现多方协同、可追溯质量管理,提高质量管理效率。当发生变更时,模型根据变更的内容相应调整形成变更模型,且精细度要求不低于原模型要求,并应保留原始模型数据版本。在安全、进度、造价等各应用环节涉及变更时,均应建立变更模型
22		安全管理	创建安全管理模型,依据安全管理规程、施工进度等进行安全管理方案编制、技术措施制定、危险源识别、安全检查和监控、安全预警、安全隐患处理和分析等应用,实现多方协同、可追溯安全管理,提高安全管理效率
23		竣工验收和交付	创建竣工验收和交付模型,依据竣工图、竣工验收资料调整模型,添加或关联工程档案资料和竣工验收资料信息,便于进行竣工信息查询或提取,实现竣工资料集中交付

续表 8.2.1

序号	阶段	应用	内容
24	运维阶段	维护管理	创建维护管理模型,进行维护计划编制、维护方案制定、技术交底、综合巡检、维修保养、维护信息查询、维护提醒、维护后评价等应用,提高维护管理效率
25		应急管理	创建应急管理模型,进行应急预案制定、疏散模拟演练、应急事件报警和定位、应急事件处置等应用,验证、优化应急预案可靠性,提高应急事件处置能力
26		资产管理	创建资产管理模型,定期更新资产信息,进行资产信息管理、资产报表编制、资产财务报告编制、资产分析等应用,提高资产管理和决策分析效率
27		设备集成与监控	创建设备集成与监控模型,进行设备设施运行状态信息监测、信息采集和传输、信息集成、数据分析、预警控制等应用,实时监控设备设施运行参数和状态

8.2.2 同一模型应用点可跨阶段应用,宜根据所在工程阶段的特点和需求进行应用内容组织。

8.2.3 应根据工程需求、现有资源和投入情况侧重选择模型应用。

9 规划方案阶段应用

9.1 场地仿真分析

9.1.1 场地仿真分析时的高程分析、坡度分析、断面分析、雨水分析、采光通风分析、场地环境分析等宜应用BIM技术。

9.1.2 场地仿真分析时，宜基于规划模型或方案、工可报告、地勘报告、规划文件、地块信息、电子地图、GIS数据等创建场地仿真分析模型，对场地环境进行仿真分析，输出场地仿真分析结果，指导地下空间工程场地设计方案优化。

9.1.3 场地仿真分析模型宜在规划模型的基础上，集成、添加或关联高程、地形、地质、建(构)筑物、道路等模型或信息，其模型单元和信息应符合表9.1.3的规定。

表9.1.3 场地仿真分析模型的模型单元和信息

模型类别	模型单元和信息	模型单元精细度等级	几何表达精度等级	信息深度等级
规划方案模型	• 隧道、地下人行通道、地下综合体、综合管廊规划模型的模型单元和信息 • 几何信息应包括：位置、标高、外轮廓尺寸 • 非几何信息应包括：名称、使用性质、性能等级等	L2 见附录 表A.3.0.1～ 表A.3.0.9	G2 见附录 表B.3.0.1～ 表B.3.0.9	N1 见附录 表C.1.0.1～ 表C.1.0.6和 表C.4.1.1～ 表C.4.12.1

续表 9.1.3

<table>
<tr><th>模型类别</th><th>模型单元和信息</th><th>模型单元
精细度等级</th><th>几何表达
精度等级</th><th>信息深
度等级</th></tr>
<tr><td>现状和规划地形、地质、水域</td><td>• 几何信息应包括：高程、等高距、位置和外轮廓尺寸
• 非几何信息应包括：名称、气候信息、地质条件、填挖关系等</td><td rowspan="3">L2
见附录
表 A.1.0.1，
表 A.2.0.1</td><td rowspan="3">G2
见附录
表 B.1.0.1，
表 B.2.0.1</td><td rowspan="3">N1
见附录
表 C.1.0.1～
表 C.1.0.6，
表 C.2.0.1～
表 C.2.0.16，
表 C.3.0.1～
表 C.3.0.16</td></tr>
<tr><td>现状和规划建（构）筑物</td><td>• 工程红线范围内和红线范围外 200m 内的建（构）筑物
• 几何信息应包括：位置、外轮廓尺寸、高度
• 非几何信息应包括：名称、使用性质、性能等级等</td></tr>
<tr><td>现状和规划市政管线、道路及其他设施</td><td>• 几何信息应包括：位置、外轮廓尺寸
• 非几何信息应包括：名称、使用性质、性能等级等</td></tr>
</table>

9.1.4 场地仿真分析的模型应用成果宜包括场地仿真分析模型、模拟分析视频以及场地分析报告等。

9.2 交通仿真模拟

9.2.1 交通仿真模拟时的道路环境分析、交通环境分析、交通信号模拟、交通流量分析、交通疏散分析等宜应用 BIM 技术。

9.2.2 交通仿真模拟时，宜基于规划模型或方案、电子地图（包括周边地形、建筑、道路等信息模型)、交通信号配时方案、交通流量、线路和站台设计方案等创建交通仿真模拟模型,对交通环境进行仿真模拟,仿真测试交通信号配时方案和信号优先策略,输出交通仿真分析结果,指导地下空间工程交通设计方案优化。

9.2.3 交通仿真模拟模型宜在规划模型的基础上,集成、添加或关联周边地形、建筑、道路、交通信号、流量、线路、交叉口、站台等模型或信息,其模型单元和信息应符合表 9.2.3 的规定。

表 9.2.3 交通仿真模拟模型的模型单元和信息

模型类别	模型单元和信息	模型单元精细度等级	几何表达精度等级	信息深度等级
规划方案模型	• 隧道、地下人行通道、地下综合体规划模型的模型单元和信息	L1 见附录 表 A.3.0.1~表 A.3.0.9	G2 见附录 表 B.3.0.1~表 C.3.0.9	N1 见附录 表 C.1.0.1~表 C.1.0.6,表 C.4.1.1~表 C.4.12.1
道路交通	• 包括隧道、道路的线路、站台、场站、交叉口、信号灯、标志标线、绿化景观等 • 几何信息应包括:位置、尺寸 • 非几何信息应包括:名称、材质、颜色以及交通信号、机动车流量、非机动车流量等	L2 见附录 表 A.3.0.3	G2 见附录 表 B.3.0.3	N2 见附录 表 C.1.0.1~表 C.1.0.6,表 C.2.0.1~表 C.2.0.16,表 C.3.0.1~表 C.3.0.16

续表 9.2.3

模型类别	模型单元和信息	模型单元精细度等级	几何表达精度等级	信息深度等级
现状和规划建（构）筑物	• 工程红线范围内和红线范围外 200m 内的建（构）筑物 • 几何信息应包括:位置、外轮廓尺寸、高度 • 非几何信息应包括:名称、使用性质、性能等级等	L2 见附录 表 A.1.0.1, 表 A.2.0.1	G1 见附录 表 B.1.0.1, 表 B.2.0.1	N1 见附录 表 C.1.0.1～ 表 C.1.0.6, 表 C.2.0.1～ 表 C.2.0.16, 表 C.3.0.1～ 表 C.3.0.16
现状和规划市政设施	• 轮廓模型创建,可采用 GIS 模型信息和卫星、遥感或航拍照片等辅助表达 • 几何信息应包括:位置、尺寸 • 非几何信息应包括:名称、颜色、使用性质、性能等级等			

9.2.4 交通仿真模拟的模型应用成果宜包括交通仿真分析模型、仿真分析视频以及交通仿真分析报告等。

9.3 突发事件模拟

9.3.1 突发事件模拟时的消防疏散模拟、交通事故模拟、洪涝灾害模拟、应急预案制定、疏散模拟演练、突发事件报警、突发事件处置等宜应用 BIM 技术。

9.3.2 突发事件模拟时,宜基于规划模型或方案、消防应急预案、交通事故处理预案、洪涝灾害预案等创建突发事件模拟模型,对各类突发事件影响范围和处置过程进行模拟分析,输出突发事件模拟结果,验证设计方案和应急预案可靠性。

9.3.3 突发事件模拟模型宜在规划模型的基础上,集成、添加或关联周边地形、建筑、道路、疏散路径等模型或信息，其模型单元和信息应符合表9.3.3的规定。

表9.3.3　突发事件模拟模型的模型单元和信息

模型类别	模型单元和信息	模型单元精细度等级	几何表达精度等级	信息深度等级
规划方案模型	• 隧道、地下人行通道、地下综合体、综合管廊规划模型的模型单元和信息	L1 见附录 表A.3.0.1～表A.3.0.9	G2 见附录 表B.3.0.1～表B.3.0.9	N1 见附录 表C.1.0.1～表C.1.0.6，表C.4.1.1～表C.4.12.1
疏散通道、道路	• 包括空间功能布局，如墙体、隔断、门；主要交通通道布置，如楼梯、电梯等；主要出入口、安全通道布置以及疏散道路、交通环境等 • 几何信息应包括：位置和外轮廓尺寸 • 非几何信息应包括：名称、使用性质、防火性能	L1 见附录 表A.3.0.3	G1 见附录 表B.3.0.3	N2 见附录 表C.4.4.1～表C.4.4.6
建(构)筑物以及周边环境	• 工程红线范围内和红线范围外200m内的建(构)筑物以及周边环境 • 几何信息应包括：位置、外轮廓及高度 • 非几何信息应包括：名称、物业信息等	L2 见附录 表A.1.0.1，表A.2.0.1	G2 见附录 表B.1.0.1，表B.2.0.1	N1 见附录 表C.1.0.1～表C.1.0.6，表C.2.0.1～表C.2.0.16，表C.3.0.1～表C.3.0.16

续表 9.3.3

模型类别	模型单元和信息	模型单元精细度等级	几何表达精度等级	信息深度等级
应急事件、应急预案信息	• 人群集散数据，如人群密度、速度、疏散算法等；应急事件物理信息，如气候条件、事件位置、影响范围、烟气扩散速度等；应急预案信息，如应急处置、救援信息等	—	—	N1 见附录表 C.6.0.3

9.3.4 突发事件模拟的模型应用成果宜包括突发事件模拟模型、应急预案模拟视频、分析报告等。

9.4 规划方案比选

9.4.1 规划设计方案比选时的性能分析、功能分析、工程量和经济分析、对比分析等宜应用 BIM 技术。

9.4.2 规划方案比选时，宜基于多个规划模型或方案、周边环境电子地图、气象数据、材料物理力学参数等创建规划方案比选模型，分别进行各类性能参数模拟分析，输出对比分析结果，择优确定设计方案。

9.4.3 规划方案比选模型宜在规划模型的基础上，集成、添加或关联周边地形、地质、建筑、道路、疏散路径等模型或信息，其模型单元和信息应符合表 9.4.3 的规定。

表 9.4.3 规划方案比选模型的模型单元和信息

<table>
<tr><th>模型类别</th><th>模型单元和信息</th><th>模型单元
精细度等级</th><th>几何表达
精度等级</th><th>信息深度等级</th></tr>
<tr><td>规划方案模型</td><td>• 隧道、地下人行通道、地下综合体、综合管廊规划模型的模型单元和信息</td><td>L1
见附录
表 A.3.0.1～
表 A.3.0.9</td><td>G2
见附录
表 B.3.0.1～
表 B.3.0.9</td><td>N1
见附录
表 C.1.0.1～
表 C.1.0.6,
表 C.4.1.1～
表 C.4.12.1</td></tr>
<tr><td>现状和规划地形、水域</td><td>• 几何信息应包括:位置和外轮廓尺寸
• 非几何信息应包括:名称、航道等级等</td><td rowspan="3">L2
见附录
表 A.1.0.1,
表 A.2.0.1</td><td rowspan="3">G2
见附录
表 B.1.0.1,
表 B.2.0.1</td><td rowspan="3">N1
见附录
表 C.1.0.1～
表 C.1.0.6,
表 C.2.0.1～
表 C.2.0.16,
表 C.3.0.1～
表 C.3.0.16</td></tr>
<tr><td>现状和规划建(构)筑物</td><td>• 工程红线范围内和红线范围外 200m 内的建(构)筑物
• 几何信息应包括:位置、外轮廓及高度
• 非几何信息应包括:名称、类型等</td></tr>
<tr><td>现状和规划道路及其他基础设施</td><td>• 几何信息应包括:位置、外轮廓尺寸
• 非几何信息应包括:名称、等级等</td></tr>
<tr><td>性能和经济信息</td><td>• 包括性能指标信息,如气象、材料物理参数、能耗、采光、通风;经济信息,如工程量、投资额</td><td>—</td><td>—</td><td>N2
见附录
表 C.1.0.1～
表 C.1.0.6</td></tr>
</table>

9.4.4 规划方案比选的模型应用成果宜包括规划方案模型、模拟分析视频以及方案对比分析报告等。

9.5 虚拟仿真漫游

9.5.1 虚拟仿真漫游时的虚拟现实场景模拟、效果渲染、方案检查和展示、漫游视频制作等宜应用BIM技术。

9.5.2 虚拟仿真漫游时，宜基于规划模型或方案、周边环境电子地图或现实场景模型、材质颜色等创建虚拟仿真漫游模型，设定视点和漫游路径，进行效果渲染处理，输出漫游动画，动态体验地下空间工程空间功能布局，检查设计方案可行性。

9.5.3 虚拟仿真漫游模型宜在规划模型的基础上，集成、添加或关联周边环境、地形、建筑、道路以及材质、颜色、纹理、光影等模型或信息，其模型单元和信息应符合表9.5.3的规定。

表9.5.3 虚拟仿真漫游模型的模型单元和信息

模型类别	模型单元和信息	模型单元精细度等级	几何表达精度等级	信息深度等级
规划模型	• 隧道、地下人行通道、地下综合体、综合管廊规划模型的模型单元和信息 • 几何信息应包括：位置、标高、外轮廓尺寸 • 非几何信息应包括：名称、使用性质、性能等级等	L1 见附录 表A.3.0.1～ 表A.3.0.9	G1 见附录 表B.3.0.1～ 表B.3.0.9	N1 见附录 表C.1.0.1～ 表C.1.0.6， 表C.4.1.1～ 表C.4.12.1
地下空间工程模型	• 新建道路、隧道、交通枢纽、管廊、机电、交通、绿化景观等 • 几何信息应包括：位置、尺寸 • 非几何信息应包括：名称、材质、颜色、纹理、光影等	L2 见附录 表A.3.0.1～ 表A.3.0.7	G2 见附录 表B.3.0.1～ 表B.3.0.7	N2 见附录 表C.1.0.1～ 表C.1.0.6， 表C.4.1.1～ 表C.4.12.1

续表 9.5.3

模型类别	模型单元和信息	模型单元精细度等级	几何表达精度等级	信息深度等级
现状和规划模型	• 自然环境、建构筑物、市政设施等,轮廓模型创建,可采用GIS模型信息和卫星、遥感或航拍照片等辅助表达 • 几何信息应包括:位置、尺寸 • 非几何信息应包括:名称、材质、颜色、纹理、光影等	L2 见附录 表 A.1.0.1, 表 A.2.0.1	G2 见附录 表 B.1.0.1, 表 B.2.0.1	N1 见附录 表 C.2.0.1～ 表 C.2.0.16, 表 C.3.0.1～ 表 C.3.0.16

9.5.4 虚拟仿真漫游模型应真实展现设计方案及现实场景,宜进行模型分割和材质赋予。

9.5.5 漫游视点和路径应反映设计方案的整体布局、主要空间布置、重要场所等重点内容。

9.5.6 虚拟仿真漫游的模型应用成果宜包括虚拟仿真漫游模型、仿真漫游视频以及漫游分析报告等。

10 初步设计阶段应用

10.1 交通标志标线仿真

10.1.1 交通标志标线仿真时的标志标线设置、道路和交通环境分析、驾驶感受模拟等宜应用BIM技术。

10.1.2 交通标志标线仿真时，宜基于初设模型或交通标志标线设计方案、周边环境电子地图等创建交通标志标线仿真模型，针对交通复杂区域进行交通标志标线和交通环境仿真分析，输出仿真分析结果，检视、优化地下空间工程交通设计方案。

10.1.3 交通标志标线仿真模型宜在初设模型的基础上，集成、添加或关联周边地形、建(构)筑物、道路、交叉口以及标志标线等模型或信息，其模型单元和信息应符合表10.1.3的规定。

表10.1.3 交通标志标线仿真模型的模型单元和信息

模型类别	模型单元和信息	模型单元精细度等级	几何表达精度等级	信息深度等级
初设模型	• 隧道、地下人行通道、地下综合体、综合管廊初设模型的模型单元和信息	L1 见附录 表A.3.0.1～ 表A.3.0.9	G1 见附录 表B.3.0.1～ 表B.3.0.9	N1 见附录 表C.1.0.1～ 表C.1.0.6， 表C4.1.1～ 表C.4.12.1

续表 10.1.3

模型类别	模型单元和信息	模型单元精细度等级	几何表达精度等级	信息深度等级
道路交通、标志标线	• 道路、交叉口、标志、标线、标牌、信号灯以及其他基础设施 • 几何信息应包括：位置、尺寸 • 非几何信息应包括：名称、颜色、材质	L2 见附录 表 A.3.0.3	G2 见附录 表 B.3.0.3	N2 见附录 表 C.4.4.1～ 表 C.4.4.6
建(构)筑物以及周边环境	• 工程红线范围内和红线范围外 200m 内的建(构)筑物以及周边环境 • 几何信息应包括：位置、外轮廓及高度 • 非几何信息应包括：名称、颜色、材质、贴图等	L2 见附录 表 A.1.0.1， 表 A.2.0.2	G2 见附录 表 B.1.0.1， 表 B.2.0.2	N1 见附录 表 C.1.0.1～ 表 C.1.0.6 表 C.2.0.1～ 表 C.2.0.16， 表 C.3.0.1～ 表 C.3.0.16

10.1.4 交通标志标线仿真的模型应用成果宜包括交通标志标线仿真模型、仿真分析视频以及仿真分析报告等。

10.2 管线搬迁模拟

10.2.1 管线搬迁模拟时的既有管线搬迁、新建管线布设、交通疏导、安全文明施工等模拟分析宜应用 BIM 技术。

10.2.2 管线搬迁模拟时，宜基于初设模型或地下新建管线和既有管线布置图或模型、周边环境电子地图或模型、管线搬迁方案、进度计划等创建管线搬迁模拟模型，依据项目进度分阶段模拟管线搬迁方案，输出模拟分析结果，优化管线搬迁方案。

10.2.3 管线搬迁模拟模型宜在初设模型的基础上，集成、添加或关联新建工程管线、既有市政管线、周边环境、管线搬迁方案、进度计划等模型或信息，其模型单元和信息应符合表 10.2.3 的规定。

表 10.2.3 管线搬迁模拟模型的模型单元和信息

模型类别	模型单元和信息	模型单元精细度等级	几何表达精度等级	信息深度等级
初设模型	• 隧道、地下人行通道、地下综合体、综合管廊初设模型的模型单元和信息	L1 见附录 表 A.3.0.1～ 表 A.3.0.9	G2 见附录 表 B.3.0.1～ 表 B.3.0.9	N2 见附录 表 C.1.0.1～ 表 C.1.0.6， 表 C.4.1.1～ 表 C.4.12.1
市政机电管线	• 几何信息应包括：位置、尺寸 • 非几何信息应包括：颜色、系统名称等	L2 见附录 表 A.3.0.4～ 表 A.3.0.7	G2 见附录 表 B.3.0.4～ 表 B.3.0.7	N2 见附录 表 C.1.0.1～ 表 C.1.0.6， 表 C.4.5.1～ 表 C.4.8.9
现状和规划市政机电管线	• 应划分为永久管线、临时管线、拆除管线 • 几何信息应包括：位置、标高、尺寸 • 非几何信息应包括：系统名称、颜色、材料、型号等	L2 见附录 表 A.1.0.1， 表 A.2.0.1	G2 见附录 表 B.1.0.1， 表 B.2.0.1	N1 见附录 表 C.2.0.9， 表 C.3.0.7～ 表 C.3.0.16

续表 10.2.3

模型类别	模型单元和信息	模型单元精细度等级	几何表达精度等级	信息深度等级
现状和规划建(构)筑物、道路及其他设施	• 场地边界、周边环境、道路交通以及其他市政设施等 • 几何信息应包括:位置、尺寸 • 非几何信息应包括:名称、颜色等	L1 见附录 表 A.1.0.1, 表 A.2.0.1	G1 见附录 表 B.1.0.1, 表 B.2.0.1	N1 见附录 表 C.2.0.1～ 表 C.2.0.16, 表 C.3.0.1～ 表 C.3.0.16
管线搬迁方案、进度计划	• 非几何信息应包括:施工工序、资源、时间等	—	—	N2 见附录 表 C.5.0.1

10.2.4 地下管线搬迁模型应体现管线搬迁全过程各阶段管线状态及周边环境变化情况,宜按专业、子系统、标高、功能区域、施工状态等进行集合划分、颜色区分。

10.2.5 管线搬迁模拟的模型应用成果宜包括管线搬迁模型、模拟分析视频以及模拟分析报告等。

10.3 道路翻交模拟

10.3.1 道路翻交模拟时的交通组织和疏导、临时道口铺设、安全文明施工等模拟分析宜应用 BIM 技术。

10.3.2 道路翻交模拟时,可基于初设模型或方案、周边交通环境电子地图或模型、道路翻交方案、施工场地布置、进度计划等创建道路翻交模拟模型,依据项目进度分阶段模拟道路翻交方案,输出模拟分析结果,优化道路翻交方案。

10.3.3 道路翻交模拟模型宜在初设模型的基础上,集成、添加或关联周边环境、道路交通、道路翻交方案、施工场地布置、进度计划等模型或信息，其模型单元和信息应符合表10.3.3的规定。

表10.3.3 道路翻交模拟模型的模型单元和信息

模型类别	模型单元和信息	模型单元精细度等级	几何表达精度等级	信息深度等级
初设模型	• 隧道、地下人行通道、地下综合体、综合管廊初设模型的模型单元和信息	L1 见附录 表A.3.0.1～ 表A.3.0.9	G2 见附录 表B.3.0.1～ 表B.3.0.9	N2 见附录 表C.1.0.1～ 表C.1.0.6， 表C.4.1.1～ 表C.4.12.1
道路交通	• 行车道、人行地道和人行道、出入口、围挡、围护、临时交通标志、路名牌、斑马线、隔离墩、护栏、窨井盖、路灯、指示牌等 • 几何信息应包括：位置、尺寸 • 非几何信息应包括：名称、颜色、状态（永久、拆除、翻交后）等	L2 见附录 表A.3.0.3	G2 见附录 表B.3.0.3	N2 见附录 表C.1.0.1～ 表C.1.0.6， 表C.4.4.1～ 表C.4.4.6
现状和规划建（构）筑物、道路及其他设施	• 场地边界线、建（构）筑物、拆除建（构）筑物、绿化等 • 几何信息应包括：位置、尺寸 • 非几何信息应包括：名称、颜色等	L1 见附录 表A.1.0.1， 表A.2.0.1	G1 见附录 表B.1.0.1， 表B.2.0.1	N1 见附录 表C.2.0.1～ 表C.2.0.16， 表C.3.0.1～ 表C.3.0.16
道路翻交方案、进度计划	• 非几何信息应包括：施工工序、资源、时间等	—	—	N2 见附录 表C.5.0.1

10.3.4 道路翻交模型应反映道路翻交全过程各阶段道路布局、安全文明施工设施及周边环境变化情况。

10.3.5 道路翻交模拟的模型应用成果宜包括道路翻交模型、道路翻交模拟视频、道路翻交方案分析报告等。

11 施工图设计阶段应用

11.1 管线综合与碰撞检查

11.1.1 机电管线综合与碰撞检查时的各专业模型整合、净空分析、碰撞检查、综合协调等宜应用BIM技术。

11.1.2 管线综合与碰撞检查时，宜基于各专业初设模型或设计图、既有市政管线图、机电设备参数资料等创建管线综合模型，进行多专业模型整合、碰撞检查、管线综合协调，输出管线综合模型，优化管线空间排布。

11.1.3 管线综合模型宜在初设模型的基础上，整合各专业设计模型和既有市政管线模型，添加或调整管线和设备的位置、标高、尺寸、材质、型号等信息，其模型单元和信息应符合表11.1.3的规定。

表11.1.3 管线综合模型的模型单元和信息

模型类别	模型单元和信息	模型单元精细度等级	几何表达精度等级	信息深度等级
结构模型	• 隧道、地下人行通道、地下综合体、综合管廊初设模型的模型单元和信息	L2 见附录 表A.3.0.1～ 表A.3.0.9	G2 见附录 表B.3.0.1～ 表B.3.0.9	N2 见附录 表C.1.0.1～ 表C.1.0.6， 表C.4.1.1～ 表C.4.12.1

续表 11.1.3

模型类别	模型单元和信息	模型单元精细度等级	几何表达精度等级	信息深度等级
市政机电管线	• 给水排水、暖通空调、电气等专业的管线、设备、末端等 • 几何信息应包括：位置、标高、尺寸 • 非几何信息应包括：系统名称、颜色、型号、材质等	L2 见附录 表 A.3.0.4～表 A.3.0.7	G2 见附录 表 B.3.0.4～表 B.3.0.7	N2 见附录 表 C.1.0.1～表 C.1.0.6，表 C.4.5.1～表 C.4.8.9
现状和规划市政机电管线	• 几何信息应包括：位置、标高、尺寸 • 非几何信息应包括：系统名称、颜色、规格型号、材质、连接点信息等	L2 见附录 表 A.1.0.1，表 A.2.0.1	G2 见附录 表 B.1.0.1，表 B.2.0.1	N1 见附录 表 C.2.0.9，表 C.3.0.7～表 C.3.0.16

11.1.4 管线综合与碰撞检查的模型应用成果宜包括管线综合协调模型和碰撞检查报告。

11.2 工程量复核

11.2.1 工程量复核时的工程量清单项目确定、分部分项计量、总工程量计算、工程量复核等宜应用 BIM 技术。

11.2.2 工程量复核时，宜基于施工图模型或设计图、分部分项工程量清单和计价表等创建工程量复核模型，依据清单规范、消耗量定额、扣减规则进行模型重构，完善构件工程量计算属性信息，通过工程量清单编码建立模型单元与工程量计算分类的对应关系，进行分部分项工程量和总工程量计算，输出工程量清单，进行工程量复核分析。

11.2.3 工程量复核模型宜在施工图模型的基础上，添加或关联材质、规格、部位、调整系数等工程量计算参数信息，其模型单元和信息应符合表 11.2.3 的规定。

表 11.2.3 工程量复核模型的模型单元和信息

<table>
<tr><th>模型类别</th><th>模型单元和信息</th><th>模型单元
精细度等级</th><th>几何表达
精度等级</th><th>信息深
度等级</th></tr>
<tr><td>施工图
模型</td><td>• 隧道、地下人行通道、地下综合体、综合管廊施工图模型的模型单元和信息</td><td>L3
见附录
表 A.3.0.1～
表 A.3.0.9</td><td>G2
见附录
表 B.3.0.1～
表 B.3.0.9</td><td>N3
见附录
表 C.1.0.1～
表 C.1.0.6，
表 C.4.1.1～
表 C.4.12.1</td></tr>
<tr><td>工程量
计算模型
和信息</td><td>• 应按工程量计算范围和要求添加模型单元和信息，包括钢筋和钢材数量、连接方式、规格型号、混凝土强度等级和体积、浇筑方式（现浇、预制）、机电设备和管线规格型号、材质、安装方式等</td><td rowspan="2">L3
见附录
表 A.3.0.9</td><td rowspan="2">G2
见附录
表 B.3.0.9</td><td rowspan="2">N3
见附录
表 C.4.12.1</td></tr>
<tr><td>工程量
清单</td><td>• 应按《市政工程设计概算编制办法》（建标〔2011〕1号）、《建设工程工程量清单计价规范》GB 50500、地方和企业定额标准等要求确定工程量清单项目并与模型单元建立映射关系，包括清单编码、各类清单项目工程量等信息</td></tr>
</table>

11.2.4 工程量复核的模型应用成果宜包括工程量计算模型、工程量清单和工程量复核报告。

11.3 装修效果仿真

11.3.1 装修效果仿真时的装饰装修构件布置、室内照明设施布置、场景布置、装饰构件碰撞检查、装修效果仿真分析、渲染漫游等宜应用 BIM 技术。

11.3.2 装修效果仿真时，宜基于施工图模型或设计图、装饰装修图纸等创建装修效果仿真模型，赋予构件材质、颜色、纹理，添加光影效果、配景、环境、漫游路径等，进行装修效果漫游体验和仿真分析，输出仿真分析结果，优化设计方案和表现装修效果。

11.3.3 装修效果仿真模型宜在施工图模型的基础上，集成装饰装修、配景、照明灯具、机电综合管线等模型，添加材质、颜色、纹理、光影效果、环境、漫游路径等信息，其模型单元和信息应符合表 11.3.3 的规定。

表 11.3.3 装修效果仿真模型的模型单元和信息

模型类别	模型单元和信息	模型单元精细度等级	几何表达精度等级	信息深度等级
施工图模型	• 隧道、地下人行通道、地下综合体、综合管廊施工图模型的模型单元和信息	L3 见附录 表 A.3.0.1～ 表 A.3.0.9	G3 见附录 表 B.3.0.1～ 表 B.3.0.9	N2 见附录 表 C.1.0.1～ 表 C.1.0.6， 表 C.4.1.1～ 表 C.4.12.1
装饰装修	• 地面、墙面、吊顶、隔断和隔墙、饰面板、饰面砖、家具、配景、灯具等 • 几何信息应包括：定位、尺寸 • 非几何信息应包括：类型、规格、材质、颜色、纹理等	L3 见附录 表 A.3.0.1	G3 见附录 表 B.3.0.1	N2 见附录 表 C.4.2.1～ 表 C.4.2.4

续表 11.3.3

模型类别	模型单元和信息	模型单元精细度等级	几何表达精度等级	信息深度等级
综合管线	• 机电综合管线、设备、末端设备等 • 几何信息应包括：定位、尺寸 • 非几何信息应包括：类型、规格、材质、颜色、纹理等	L3 见附录 表 A.3.0.4～表 A.3.0.7	G3 见附录 表 B.3.0.4～表 B.3.0.7	N2 见附录 表 C.4.5.1～表 C.4.10.2
装修效果仿真信息	• 光影效果、环境、漫游路径、视点、渲染参数等	—	—	—

11.3.4 装修效果仿真的模型应用成果宜包括装修效果模型、装修漫游视频、渲染图像等。

12 施工图深化设计阶段应用

12.1 机电管线深化设计

12.1.1 机电管线深化设计时的碰撞检查、管线综合协调、参数校核、支架和基础设计、预留预埋设计、工程量统计、深化设计制图等宜应用 BIM 技术。

12.1.2 机电管线深化设计时，宜基于各专业施工图模型或施工图、既有市政管线和设施图纸或模型、机电设备参数资料等创建机电管线深化设计模型，进行多专业模型综合协调，校核系统参数，输出机电管线深化设计图纸，指导施工安装。

12.1.3 机电管线深化设计模型宜在管线综合模型或施工图设计模型的基础上，添加或调整管道、管件、阀门、设备、末端、检查井、支吊架、设备基础等的位置、标高、尺寸、材质、型号等信息，其模型单元和信息应符合表 12.1.3 的规定。

表 12.1.3 机电管线深化设计模型的模型单元和信息

模型类别	模型单元和信息	模型单元精细度等级	几何表达精度等级	信息深度等级
施工图模型	• 隧道、地下人行通道、地下综合体、综合管廊施工图设计模型的模型单元和信息	L3 见附录 表 A.3.0.1～ 表 A.3.0.9	G3 见附录 表 B.3.0.1～ 表 B.3.0.9	N3 见附录 表 C.1.0.1～ 表 C.1.0.6， 表 C.4.1.1～ 表 C.4.12.1

续表 12.1.3

模型类别	模型单元和信息	模型单元精细度等级	几何表达精度等级	信息深度等级
市政机电管线	• 管道、管件、附件、阀门、设备、末端、支吊架、套管、预留预埋、设备基础、减震隔震设施、检查井等 • 几何信息应包括：位置、标高、尺寸 • 非几何信息应包括：系统名称、颜色、规格型号、材质、技术参数、连接方式、安装要求、施工工艺等	L3 见附录 表 A.3.0.4～ 表 A.3.0.8	G3 见附录 表 B.3.0.4～ 表 B.3.0.8	N4 见附录 表 C.1.0.1～ 表 C.1.0.6， 表 C.4.5.1～ 表 C.4.10.2， 表 C.4.11.3
现状和规划市政机电管线	• 既有设备设施、管线、检查井、连接点等 • 几何信息应包括：位置、标高、尺寸 • 非几何信息应包括：系统名称、颜色、规格型号、材质、使用等级等	L3 见附录 表 A.1.0.1， 表 A.2.0.1	G2 见附录 表 B.1.0.1， 表 B.2.0.1	N3 见附录 表 C.2.0.9， 表 C.3.0.7～ 表 C.3.0.16

12.1.4 机电管线深化设计模型应依据材料采购、报审资料等添加或关联具体的模型单元和信息。

12.1.5 机电管线深化设计模型应按专业、系统、楼层、功能区域、颜色等进行组织，应满足相关设计、施工规范要求。

12.1.6 机电管线深化设计应进行系统参数校核，包括给排水流量和水压、通风风量和风压、空调负荷、电气负荷、支吊架和基础减震承载力等。

12.1.7 机电管线深化设计图宜由深化设计模型输出，宜包含必要的三维模型视图，满足相关的制图标准。

12.1.8 机电管线深化设计图、系统参数校核计算书宜由原设计单位审核。

12.1.9 机电管线深化设计模型应用成果宜包括机电管线深化设计模型、深化设计图、碰撞检查分析报告、工程量统计、计算书等。

12.2 预制混凝土构件深化设计

12.2.1 预制混凝土构件深化设计时的预制构件平面布置、拆分、深化设计以及节点设计等宜应用BIM技术。

12.2.2 预制混凝土构件深化设计时，宜基于施工图模型或施工图、构件预制方案、施工工艺方案等创建预制混凝土构件深化设计模型，进行预制构件拆分、预制构件设计、节点设计、预留预埋设计等，输出预制构件深化设计图，指导预制混凝土构件加工。

12.2.3 预制混凝土构件深化设计模型宜在施工图模型的基础上，集成、添加或关联预埋线管、预埋件、预留洞口、钢筋、连接节点、加工和施工工艺措施等模型或信息，其模型单元和信息应符合表12.2.3的规定。

表12.2.3 预制混凝土构件深化设计模型的模型单元和信息

模型类别	模型单元和信息	模型单元精细度等级	几何表达精度等级	信息深度等级
施工图模型	• 隧道、地下人行通道、地下综合体、综合管廊施工图设计模型的模型单元和信息	L3 见附录 表A.3.0.1～表A.3.0.9	G3 见附录 表B.3.0.1～表B.3.0.9	N2 见附录 表C.1.0.1～表C.1.0.6，表C.4.1.1～表C.4.12.1

续表 12.2.3

模型类别	模型单元和信息	模型单元精细度等级	几何表达精度等级	信息深度等级
预留预埋	• 预埋线管、预埋件、预埋螺栓、预留孔洞等 • 几何信息应包括：位置、尺寸 • 非几何信息包括：名称、类型、规格、材料等	L3 见附录 表 A.3.0.8	G3 见附录 表 B.3.0.8	N3 见附录 表 C.4.11.1
连接节点	• 连接混凝土、灌浆、钢筋、螺栓、套筒等 • 几何信息应包括：位置、尺寸 • 非几何信息包括：名称、类型、编号、规格、材料、节点构造、连接方式、施工工艺等			
加工和施工工艺措施	• 材料统计表、构件重量、吊钩、起吊点、加工方式、安装工艺等信息			

12.2.4 预制混凝土构件深化设计模型应用成果宜包括深化设计模型、碰撞检查分析报告、深化设计图、工程量清单等。

13 施工准备阶段应用

13.1 施工场地规划

13.1.1 施工场地规划时的场地地形、既有建筑设施、周边环境、施工区域、临时道路、临时设施、加工区域、材料堆场、临水临电、施工机械、安全文明施工设施等规划布置和分析优化宜应用 BIM 技术。

13.1.2 施工场地规划时，宜基于施工图模型或施工图、施工场地布置图、施工组织设计文件等创建施工场地规划模型，并将施工方案、施工工序、资源配置、时间节点等信息与模型关联，对场地布置、资源配置计划、施工进度计划等进行模拟仿真，输出施工场地规划模拟分析结果，优化场地布置方案。

13.1.3 施工场地规划模型宜在施工图模型的基础上，整合施工场地布置模型，添加或关联施工方案、施工工序、资源配置、时间节点等信息，其模型单元和信息应符合表 13.1.3 的规定。

表 13.1.3 施工场地规划模型的模型单元和信息

模型类别	模型单元和信息	模型单元精细度等级	几何表达精度等级	信息深度等级
施工图模型	• 隧道、地下人行通道、地下综合体、综合管廊施工图模型的模型单元和信息	L3 见附录 表 A.3.0.1～ 表 A.3.0.9	G3 见附录 表 B.3.0.1～ 表 B.3.0.9	N2 见附录 表 C.1.0.1～ 表 C.1.0.6， 表 C.4.1.1～ 表 C.4.12.1

续表 13.1.3

模型类别	模型单元和信息	模型单元精细度等级	几何表达精度等级	信息深度等级
施工场地布置	• 施工区域、临时道路、临时设施、加工区域、材料堆场、临水临电、施工机械、安全文明施工设施等 • 几何信息应包括:位置、尺寸、高度 • 非几何信息应包括:名称、类型、系统、材料、颜色、机械设备参数、安全距离、用地边界等	L3 见附录 表 A.4.0.1～表 A.4.0.4	G3 见附录 表 B.4.0.1～表 B.4.0.4	N2 见附录 表 C.5.2.1～表 C.5.2.4
现状环境	• 场地地形、既有建(构)筑物、设施、道路交通等 • 几何信息应包括:位置、(轮廓)尺寸、高度 • 非几何信息应包括:名称、类型、颜色、使用等级等	L2 见附录 表 A.1.0.1	G2 见附录 表 B.1.0.1	N1 见附录 表 C.2.0.1～表 C.2.0.16
施工组织设计信息	• 施工方案、施工工序、进度计划、机械设备和材料进场计划等信息	—	—	N2 见附录表 C.5.0.1

13.1.4 施工场地规划模拟宜依据施工组织设计关键节点,分阶段模拟分析施工场地布置的合理性。

13.1.5 施工场地规划模拟时应记录场地布置、工序安排、资源配置、进度计划等存在的问题,形成模拟分析报告,并将协调、优化后的相关信息更新至模型。

13.1.6 施工场地规划模型应用成果宜包括施工场地布置模型、模拟分析视频以及施工场地规划分析报告等。

13.2 预制构件大型设备运输和安装模拟

13.2.1 预制构件大型设备运输、安装、检修的路径、空间、工序、资源等模拟分析和方案优化宜应用BIM技术。

13.2.2 预制构件大型设备运输和安装模拟时，宜基于施工图模型或施工图、设备技术资料、运输和安装方案等创建大型设备运输和安装模拟模型，并将运输和安装方案、施工工序、资源组织方案、时间节点等信息与模型关联，对设备运输、安装、检修的路径、空间、工序、资源等进行模拟分析，输出模拟分析结果，优化设备运输和安装方案。

13.2.3 预制构件大型设备运输和安装模拟模型宜在施工图模型的基础上，集成、添加或关联大型设备、运输设备、安装设备、施工方案、施工工序、资源配置、时间节点等模型和信息，其模型单元和信息应符合表13.2.3的规定。

表13.2.3 预制构件大型设备运输和安装模拟模型的模型单元和信息

模型类别	模型单元和信息	模型单元精细度等级	几何表达精度等级	信息深度等级
施工图模型	• 隧道、地下人行通道、地下综合体、综合管廊施工图模型的模型单元和信息	L3 见附录 表A.3.0.1～ 表A.3.0.9	G3 见附录 表B.3.0.1～ 表B.3.0.9	N2 见附录 表C.1.0.1～ 表C.1.0.6， 表C.4.1.1～ 表C.4.12.1

续表 13.2.3

<table>
<tr><th>模型类别</th><th>模型单元和信息</th><th>模型单元
精细度等级</th><th>几何表达
精度等级</th><th>信息深
度等级</th></tr>
<tr><td>机械设备
以及
临时措施</td><td>• 项目大型设备、运输和安装机械设备以及围护、栈桥、支撑、固定、滑移等临时措施
• 几何信息应包括：位置、尺寸、转弯和旋转半径
• 非几何信息应包括：名称、型号、规格、材料、重量、性能、技术参数、承载力等</td><td>L3
见附录
表 A.4.0.2～
表 A.4.0.3</td><td>G3
见附录
表 B.4.0.2～
表 B.4.0.3</td><td rowspan="2">N3
见附录
表 C.5.1.1～
表 C.5.2.4</td></tr>
<tr><td>运输路
径、安装
条件</td><td>• 道路、投料口、预留孔洞、通道、工作井、设备基础、预埋吊钩及其他预埋件等
• 几何信息应包括：位置、尺寸、转弯和旋转半径、高度
• 非几何信息应包括：路径、名称、型号、规格、材料、重量、性能、安装顺序、工艺、时间节点等</td><td>L3
见附录
表 A.3.0.2</td><td>G3
见附录
表 B.3.0.2</td></tr>
</table>

13.2.4 预制构件大型设备运输和安装模拟宜依据施工组织设计关键节点以及施工场地布置的不同，分阶段模拟分析设备运输和安装方案的合理性。

13.2.5 预制构件大型设备运输和安装模拟应用成果宜包括大型设备运输和安装模型、模拟分析视频以及分析报告等。

13.3 施工方案模拟

13.3.1 施工方案模拟时的施工工艺、工序、进度计划、资源计划等模拟分析和施工方案优化宜应用BIM技术。

13.3.2 施工方案模拟时，宜基于施工图模型或施工图、施工方案等创建施工方案模拟模型，并将施工工序、工艺、资源组织等信息与模型关联，对施工方案的施工工艺、工序、资源等进行模拟分析，输出模拟分析结果，指导施工方案优化和交底。

13.3.3 施工方案模拟模型宜在施工图模型的基础上，添加或关联施工方案、施工工序、工艺、资源配置、时间节点等模型和信息，其模型单元和信息应符合表13.3.3的规定。

表13.3.3 施工方案模拟模型的模型单元和信息

模型类别	模型单元和信息	模型单元精细度等级	几何表达精度等级	信息深度等级
施工图模型	• 隧道、地下人行通道、地下综合体、综合管廊施工图模型的模型单元和信息	L3 见附录 表A.3.0.1～表A.3.0.9	G3 见附录 表B.3.0.1～表B.3.0.9	N2 见附录 表C.1.0.1～表C.1.0.6，表C.4.1.1～表C.4.12.1
施工设备、临时设施	• 施工大型机械、运输工具等设备模型的模型单元和信息；临时交通、支护、脚手架与模板、基坑围护等临时设施的模型单元和信息。 • 几何信息应包括：位置、尺寸 • 非几何信息应包括：名称、型号、规格、材料、重量、性能、工作面要求、运输和疏散路径等	L3 见附录 表A.4.0.1～表A.4.0.4	G3 见附录 表B.4.0.1～表B.4.0.4	N3 见附录 表C.5.1.1～表C.5.2.4

续表 13.3.3

模型类别	模型单元和信息	模型单元精细度等级	几何表达精度等级	信息深度等级
地下工程施工方法和工艺	• 宜包括盾构、明挖(基坑开挖和支护)、沉管、盖挖、浅埋暗挖、地下连续墙、大型设备和构件安装、预制构件拼装、复杂节点施工、模板和脚手架施工等施工方法和工艺	—	—	N3 见附录 表 C.5.1.1～ 表 C.5.2.4
施工组织设计信息	• 宜包括施工工序、施工工艺、资源配置、时间节点、风险应急预案等	—	—	

13.3.4 对于施工难度大、工艺复杂、危险性大以及采用新技术、新工艺、新设备、新材料的施工方案,如超大超深基坑开挖和围护,宜结合现场实际情况进行施工方案模拟,对其进行验证、优化。

13.3.5 施工方案模拟时应记录施工工艺、工序安排、资源配置、进度计划等存在的问题,形成模拟分析报告,并将协调、优化后的相关信息更新至模型。

13.3.6 施工方案模拟模型应用成果宜包括施工方案模型、模拟分析视频以及施工方案分析报告等。

14 施工阶段应用

14.1 预制混凝土构件加工

14.1.1 预制混凝土构件加工时的工艺设计、生产加工、成品管理等宜应用 BIM 技术。

14.1.2 预制混凝土构件加工时，宜基于施工图深化模型或深化设计图、合约订单、构件预制方案、施工工艺方案等创建预制混凝土构件加工模型，添加或关联生产模具、生产工艺、养护条件、进度计划、生产资源配置等信息，输出构件加工图、生产备料单、生产计划等，指导构件加工生产。同时，将构件生产时间、质量验收、成品管理等信息添加或关联至模型。

14.1.3 预制混凝土构件加工模型宜在施工图深化模型的基础上，添加或关联生产模具、生产工艺、养护条件、进度计划、生产资源配置、生产时间、质量验收、成品管理等信息，其模型单元和信息应符合表 14.1.3 的规定。

表 14.1.3 预制混凝土构件加工模型的模型单元和信息

模型类别	模型单元和信息	模型单元精细度等级	几何表达精度等级	信息深度等级
施工图深化模型	• 隧道、地下人行通道、地下综合体、综合管廊施工深化设计模型的模型单元和信息	L3 见附录 表 A.3.0.1～ 表 A.3.0.9	G4 见附录 表 B.3.0.1～ 表 B.3.0.9	N3 见附录 表 C.1.0.1～ 表 C.1.0.6， 表 C.4.1.1～ 表 C.4.12.1

续表 14.1.3

模型类别	模型单元和信息	模型单元精细度等级	几何表达精度等级	信息深度等级
构件信息	• 构件名称、编码、规格、型号、安装部位、钢筋规格、混凝土强度等级、图纸编号等	L4 见附录 表 A.3.0.8	G4 见附录 表 B.3.0.8	N3 见附录 表 C.4.11.1
加工图	• 图纸说明、布置图、详图、大样图、零件图、材料清单等	—	—	
生产信息	• 工程量、构件数量、材料采购和复验、生产批次、工期等	—	—	
工序、工艺	• 支模(制模、组装、清理、涂刷隔离剂)、钢筋架设、预留预埋设置、混凝土浇筑、养护、拆模、表面处理、验收、堆放等工序信息,平模机组流水工艺、平模传送流水工艺、固定平模工艺、立模工艺、长线台座工艺、压力成型法等加工成型工艺和工艺参数	—	—	
质量、成品管理信息	• 质检、堆放、生产时间、班组、责任人以及二维码、RFID 等物联网应用相关信息	—	—	

14.1.4 预制混凝土构件加工模型宜添加或关联钢筋翻样信息,可生成钢筋下料清单。

14.1.5 预制混凝土构件加工模型宜添加或关联条形码、电子标签等物联网标识信息以及构件编码、加工管理编码等标准化编码信息。

14.1.6 预制混凝土构件加工模型宜通过参数化构件库、产品库、部品库及相关标准化资源库进行管理。

14.1.7 预制混凝土构件模型信息格式宜与数控加工、预制构件生产控制系统兼容。

14.1.8 预制混凝土构件模型宜结合物联网技术以及其他信息化技术进行预制构件深化设计、生产加工、物流运输、施工安装等过程的跟踪管理。

14.1.9 构件预制加工模型应用成果宜包括预制加工模型、构件生产管理资料等。

14.2 设备和材料管理

14.2.1 设备和材料管理时的需求计划编制、材料采购、存储管理、数量统计、提料管理等宜应用BIM技术。

14.2.2 设备和材料管理时,宜基于施工图深化模型或深化设计图、设计变更、进度计划、施工资源计划等创建设备和材料管理模型,添加或关联分部分项、施工段、工序以及设备和材料的类别、数量、采购、库存等信息,输出不同层次和范围的设备和材料需求计划等,指导材料采购和提料管理。

14.2.3 设备和材料管理模型宜在施工图深化模型的基础上,添加或关联施工进度计划、分部分项、施工段、工序以及设备和材料的类别、数量、采购、库存等信息,其模型单元和信息应符合表14.2.3的规定。

表 14.2.3 设备和材料管理模型的模型单元和信息

模型类别	模型单元和信息	模型单元精细度等级	几何表达精度等级	信息深度等级
施工图深化模型	• 隧道、地下人行通道、地下综合体、综合管廊施工深化设计模型的模型单元和信息	L3 见附录 表A.3.0.1～ 表A.3.0.9	G3 见附录 表B.3.0.1～ 表B.3.0.9	N3 见附录 表C.1.0.1～ 表C.1.0.6, 表C.4.1.1～ 表C.4.12.1

续表 14.2.3

模型类别	模型单元和信息	模型单元精细度等级	几何表达精度等级	信息深度等级
设计变更信息	• 设计变更文件名称、编号、变更内容、变更工程量、变更价格、变更签证等	—	—	
设备和材料信息	• 名称、编码、型号、规格、价格、数量、损耗、库存、供应商、生产单位、采购时间、到货日期等	—	—	N3 见附录 表C.5.1.1
施工组织计划信息	• 施工进度计划、资源计划、分部分项、施工段、工序、作业面等	—	—	

14.2.4 设备和材料模型宜依据材料特点、用量、占用资金、备料难度等进行重要性等级划分，进行设备和材料分级管理。

14.2.5 设备和材料管理模型宜生成各类设备和材料管理表单，宜进行设备和材料管理信息的查询、浏览、提取、统计分析以及多方协同管理。

14.2.6 设备和材料管理模型应用成果宜包括设备和材料管理模型、需求计划、提料清单、施工作业面设备与材料报表等。

14.3 进度管理

14.3.1 进度管理时的进度计划编制、工作分解结构创建、施工资源配置、分析优化、进度管控、纠偏和调整等宜应用BIM技术。

14.3.2 进度计划编制时，应依据进度计划模型，进行进度计划模拟分析，优化施工进度计划。

14.3.3 进度计划模型宜根据施工图深化模型或深化设计图、进

度计划等进行创建,并符合下列规定:

1 宜根据工作分解结构对模型进行拆分或集合。

2 应添加或关联时间节点、工序逻辑关系、工程量、资源配置等信息。

14.3.4 进度管理时,应将实际项目信息更新至进度管理模型,进行进度偏差和纠偏措施分析,输出进度管理分析结果,指导施工进度管理。

14.3.5 进度管理模型信息更新时,应符合下列规定:

1 应关联实际进度、资源、成本等信息。

2 应支持实际信息更新的版本管理。

14.3.6 进度管理模型宜在施工图深化模型的基础上,添加或关联工作分解结构、时间节点、工序逻辑关系、工程量、资源配置、实际进度、资源、成本等信息,其模型单元和信息应符合表14.3.6的规定。

表14.3.6 进度管理模型的模型单元和信息

模型类别	模型单元和信息	模型单元精细度等级	几何表达精度等级	信息深度等级
施工图深化模型	• 隧道、地下人行通道、地下综合体、综合管廊施工深化设计模型的模型单元和信息	L3 见附录 表A.3.0.1~表A.3.0.9	G2 见附录 表B.3.0.1~表B.3.0.9	N3 见附录 表C.1.0.1~表C.1.0.6,表C.4.1.1~表C.4.12.1

续表 14.3.6

模型类别	模型单元和信息	模型单元精细度等级	几何表达精度等级	信息深度等级
工作分解结构信息	• 项目、任务、工作的定义、内容，树状层级结构以及相互之间的逻辑关系等信息	—	—	N4 见附录 表 C.5.3.1
时间进度信息	• 关键路线、里程碑节点、关键节点、最早开始时间、最迟开始时间、计划开始时间、最早完成时间、最迟完成时间、计划完成时间、任务完成所需时间、允许浮动时间、已完成工作百分占比等信息			
施工资源信息	• 人力资源、施工机械、材料物资的类别、数量、工程量、定额等			
实际进度信息	• 实际开始时间、实际完成时间、实际需要时间、剩余时间等			
进度控制信息	• 进度时差、进度预警、进度调整和变更等			

14.3.7 施工阶段进度计划编制模型应用应根据项目特点创建工作分解结构，并符合下列要求：

1 工作结构分解应根据项目的整体工程、单位工程、分部工程、分项工程、施工段、工序依次分解。

2 工作分解结构中的施工段应与模型、信息相关联。

3 结合任务间的关联关系、任务资源、持续时间、里程碑节点时间，完成进度计划的编制，优化进度计划。

14.3.8 施工阶段进度控制模型应用根据进度计划和进度管理

模型进行，并符合下列规定：

1 应与实际进度信息进行对比分析，进行进度偏差和纠偏措施分析，输出进度管理分析结果。

2 应制定进度预警规则，明确预警提前量和预警节点，并与里程碑节点任务和进度管理模型关联。

3 宜支持生成进度管理表单，供进度信息的查询、浏览、提取、统计、分析。

14.4 成本管理

14.4.1 成本管理时的施工图预算、工程量清单编制、工程量计算、分部分项计价、总造价计算、成本计划制订、成本计算和核算、成本分析等宜应用BIM技术。

14.4.2 成本管理时，宜基于施工图深化模型或深化设计图、进度计划、清单规范、定额规范等创建成本管理模型，依据清单规范、消耗量定额、扣减规则进行模型重构，完善构件成本信息，通过工程量清单编码建立模型单元与工程量和成本计算分类的对应关系，进行工程量、分部分项造价、总造价、合同预算成本计算，输出工程量清单项目和报价单等，确定施工图预算和成本管理计划并定期进行成本核算和成本分析。

14.4.3 成本管理模型宜在施工图深化模型的基础上，添加或关联类型、规格、型号、工程量、施工要求、清单类别和编码、消耗量定额、综合单价、采购、时间节点等信息，其模型单元和信息应符合表14.4.3的规定。

表 14.4.3 成本管理模型的模型单元和信息

模型类别	模型单元和信息	模型单元精细度等级	几何表达精度等级	信息深度等级
施工图深化模型	• 隧道、地下人行通道、地下综合体、综合管廊施工深化设计模型的模型单元和信息	L4 见附录表 A.3.0.1～表 A.3.0.9	G2 见附录表 B.3.0.1～表 B.3.0.9	N3 见附录表 C.1.0.1～表 C.1.0.6，表 C.4.1.1～表 C.4.12.1
施工图预算信息	• 应按施工图预算范围和要求添加模型单元和信息，包括材料或构件的类型、规格、型号、价格、消耗量定额、工程量、施工方式、安装要求、质量等级、临时措施等	—	—	N3 见附录表 C.5.3.2
工程量清单信息	• 应建立工程量清单项目与模型单元映射关系，包括工程量清单项目对应的预算成本、定额项目、工程量（人工、机具、材料等）、综合单价、措施费、规费、税金、利润、总造价等			
成本管理信息	• 成本计划、施工任务、时间进度、合同预算成本、施工预算成本、实际成本、成本对比和分析等			

14.4.4 成本管理模型的构件属性、命名、分类、集合、编码、重构和计算规则等应符合计量、计价规范要求，模型构件与分部分项工程量清单编码应匹配一致。

14.4.5 成本管理模型应定期更新，将工程变更、实际进度、实际成本等信息添加至模型。

14.4.6 成本管理模型应制定成本预警规则，进行成本分析和预警，及时采取纠偏措施。

14.4.7 成本管理模型宜生成各类成本管理表单，宜进行质量管理信息的查询、浏览、提取、统计分析以及协同成本管理。

14.4.8 施工成本管理模型应用成果宜包括成本管理模型、工程量清单、成本管理计划、成本分析报告等。

14.5 质量管理

14.5.1 质量管理时的质量验收计划编制、质量验收、质量问题处理、质量问题分析等宜应用 BIM 技术。

14.5.2 质量管理时，宜基于施工图深化模型或深化设计图、进度计划、质量验收计划、质量验收标准等创建质量管理模型，添加或关联质量验收计划、质量验收要求、质量验收部位、分部分项质量检验批和验收批等信息，输出质量管理表单，指导质量验收和管理。同时，将质量问题处理信息关联至模型，进行质量问题处理和分析。

14.5.3 质量管理模型宜在施工图深化模型的基础上，添加或关联质量验收计划、质量验收要求、质量验收部位、质量检验批和验收批、质量处理、施工班组、责任人等信息，其模型单元和信息应符合表 14.5.3 的规定。

表 14.5.3 质量管理模型的模型单元和信息

模型类别	模型单元和信息	模型单元精细度等级	几何表达精度等级	信息深度等级
施工图深化模型	• 隧道、地下人行通道、地下综合体、综合管廊施工深化设计模型的模型单元和信息	L4 见附录 表 A.3.0.1～表 A.3.0.9	G2 见附录 表 B.3.0.1～表 B.3.0.9	N3 见附录 表 C.1.0.1～表 C.1.0.6，表 C.4.1.1～表 C.4.12.1
质量验收标准和计划信息	• 质量验收标准应符合现行国家和地方质量验收规范和标准。质量验收计划应包括验收时间、组织和参与方、验收流程、文件资料清单等	—	—	N4 见附录 表 C.5.3.3
质量检验、检查、验收信息	• 各分部分项检验批和验收批的检验报告、试验报告、合格证、施工记录、检查和验收记录、隐蔽工程验收记录、质量验收报告等			
质量问题处理信息	• 质量问题描述、重要性等级、成因、处理方法、责任人等			

14.5.4 施工阶段质量事前控制应基于质量管理模型进行，并符合下列规定：

1 宜结合质量管理模型确定项目质量验收计划，生成质量检查点，制定质量控制重要性等级划分，并将检查点附加到模型上，实行质量分级管理。

2 宜结合质量管理模型进行质量技术交底，并将交底记录与模型关联。

14.5.5 施工阶段质量验收及问题处理宜结合质量管理模型，将验收信息、质量问题信息、问题处理信息与模型关联。

14.5.6 施工阶段质量问题分析宜结合质量管理模型，将质量问题信息与模型相应位置关联，并按问题部位、时间、相关人员等进行汇总。

14.5.7 质量管理模型宜支持质量信息的查询、浏览、提取、统计、分析，并生成各类质量管理表单。

14.5.8 质量管理模型应用成果宜包括质量管理模型、质量管理文件、质量验收报告等。

14.5.9 质量管理模型应根据变更要求及时调整，相应的模型精细度、几何表达精度、信息深度均不应低于原模型要求，变更后的模型宜附加变更资料，且应保留原始模型数据版本。

14.6 安全管理

14.6.1 安全管理时的安全管理方案编制、技术措施制定、危险源识别、安全监控、安全事故处理和分析等宜应用 BIM 技术。

14.6.2 安全管理时，宜基于施工图深化模型或深化设计图、安全管理计划、安全管理规范和制度、安全技术标准、安全措施方案等创建安全管理模型，整合安全措施模型，添加或关联安全交底、安全检查、危险源、安全预警等信息，输出安全管理表单，指导安全检查和管理。同时，将安全问题处理信息关联至模型，进行安全问题、安全事故处理和分析。

14.6.3 安全管理模型宜在施工图深化模型的基础上，整合安全防护设施模型，添加或关联安全设施、防护措施、安全交底和教育、安全检查、应急救援、事故处理、责任单位或人等信息，其模型单元和信息应符合表 14.6.3 的规定。

表 14.6.3　安全管理模型的模型单元和信息

模型类别	模型单元和信息	模型单元精细度等级	几何表达精度等级	信息深度等级
施工图深化模型	• 隧道、地下人行通道、地下综合体、综合管廊施工深化设计模型的模型单元和信息	L3 见附录 表 A.3.0.1～表 A.3.0.9	G3 见附录 表 B.3.0.1～表 B.3.0.9	N3 见附录 表 C.1.0.1～表 C.1.0.6，表 C.4.1.1～表 C.4.12.1
安全防护设施	• 安全网、防护栏杆、安全平台、安全通道、疏散通道、防火防电设施、隔离措施、安全标志等 • 几何信息应包括：位置、尺寸 • 非几何信息应包括：名称、颜色、规格、型号、材质等	L3 见附录 表 A.4.0.1	G3 见附录 表 B.4.0.1～表 B.4.0.4	N3 见附录 表 C.5.2.1～表 C.5.2.4
安全管理	• 安全生产责任制执行、施工组织设计和专项施工方案批准和实施、安全技术交底、安全教育、安全检查、安全事故处理、应急预案制定等	—	—	N3 见附录 表 C.5.3.4
安全风险源	• 风险源辨识、风险类型、风险评价、风险控制、风险级别、风险预警等			
安全事故处理	• 安全事故描述、重要性等级、事故调查、处理结论、责任人等			

14.6.4 施工阶段安全事前控制应结合安全管理模型进行,并符合下列规定:

1 宜结合安全管理模型辅助风险源识别,确定安全技术措施。

2 宜结合安全管理模型进行安全技术交底,并将安全交底记录与模型关联。

14.6.5 施工阶段安全隐患和事故处理宜使用安全管理模型制定整改措施,并将处理信息与模型关联。

14.6.6 施工阶段安全问题分析宜利用安全管理模型,将安全问题信息与模型相应位置关联,并按问题部位、时间、相关人员等进行汇总。

14.6.7 安全管理模型宜支持安全管理信息的查询、浏览、提取、统计、分析,并生成各类安全管理表单。

14.6.8 安全管理模型应用成果宜包括安全管理模型、安全管理文件、安全检查报表等。

14.7 竣工验收和交付

14.7.1 竣工验收和交付时的施工方竣工自检、初步检查验收、竣工验收、竣工交付等宜应用 BIM 技术。

14.7.2 竣工验收和交付时,宜基于施工图深化模型、施工管理模型、设计变更、竣工图、工程实体图像等创建竣工验收和交付模型,依据施工质量验收、工程资料管理标准要求,添加或关联建设、勘察、设计、施工、监理单位提供的工程档案资料,指导竣工验收和交付,并将竣工验收报告、工程交付手续关联至模型。

14.7.3 竣工验收和交付模型宜在施工图深化模型和施工管理模型的基础上,依据设计变更、竣工图、工程实体图像等进行模型信息调整,添加或关联工程档案资料和竣工验收资料信息,其模型单元和信息应符合表 14.7.3 的规定。

表 14.7.3 竣工验收和交付模型的模型单元和信息

模型类别	模型单元和信息	模型单元精细度等级	几何表达精度等级	信息深度等级
施工图深化模型 施工管理模型	• 隧道、地下人行通道、地下综合体、综合管廊施工深化设计、施工管理模型的模型单元和信息	L4 见附录 表 A.3.0.1～表 A.3.0.9	G4 见附录 表 B.3.0.1～表 B.3.0.9	N4 见附录 表 C.1.0.1～表 C.1.0.6，表 C.4.1.1～表 C.4.12.1
竣工信息	• 竣工图、设备设施档案等所含竣工信息，如与工程实体一致的尺寸、位置、属性信息，设备设施型号、数量、厂家、操作手册、调试记录、维修服务等	—	—	N4 见附录 表 C.5.3.5
竣工验收和交付信息	• 竣工验收和交付资料应符合国家相关标准规范要求，应包括竣工报告、竣工质量评估报告、质量检查报告、工程竣工报告、验收方案、竣工验收意见书、竣工验收报告、保修合同、竣工图、交付手续等	—	—	

14.7.4 竣工验收和交付模型应与竣工图、工程实体一致。

14.7.5 竣工验收和交付模型宜生成各类竣工验收表单，宜进行竣工验收和交付信息的查询、浏览、提取、统计分析。

14.7.6 竣工交付时，应依据国家相关标准和交付对象要求对模型的信息准确性、数据格式兼容性、文件组织方式合规性等进行检查和处理，清理、合并、精简、优化模型单元和信息。

14.7.7 竣工验收和交付模型应用成果宜包括竣工验收和交付模型、竣工图及各类竣工验收文件资料。

15 运维阶段应用

15.1 一般规定

15.1.1 运维阶段的养护管理、应急事件处置、资产管理、设备设施运行监控等宜应用BIM技术。

15.1.2 运维阶段的模型应用宜包括运维管理方案策划、运维管理系统创建、运维模型构建、运维数据自动化集成、运维系统维护等步骤和内容。

15.1.3 运维管理方案策划时，应结合项目实际需求和运维技术发展水平进行需求调研分析、功能分析和可行性分析。

15.1.4 运维管理系统创建时，宜在运维管理方案的总体框架下，结合短期、中期、远期规划，按照“数据安全、系统可靠、功能适用、支持拓展”的原则进行运维管理系统创建。

15.1.5 运维管理系统创建时，应利用、集成既有的设备设施管理、应急报警、能源管理等系统的软硬件功能和数据。

15.1.6 运维管理系统宜支持互联网、物联网、智能移动端及其他信息化技术应用。

15.1.7 运维基础模型构建时，应准确表达构件的几何信息和运维信息。当沿用竣工验收和交付模型时，应根据运维系统功能和数据要求，对竣工验收和交付模型信息进行提取、清理、合并、精简等处理，不宜过度建模或过度集成数据。

15.1.8 运维管理数据宜与运维管理模型、运维管理系统进行一致性、自动化信息传递和集成。

15.1.9 运维管理系统应依据运维管理维护计划对运维数据和模型进行定期检查、备份和更新。

15.2 维护管理

15.2.1 维护管理时的维护计划编制、维护方案制定、技术交底、综合巡检、监测监护、维修保养、维护信息查询、维护提醒、维护后评价等宜应用BIM技术。

15.2.2 维护管理时,宜基于地下空间工程运维基础模型、维护计划、维护方案等创建维护管理模型,添加或关联设备设施和构件的维护等级、维护周期、维护时间、维护内容、资源耗费、维护记录等信息,输出维护计划、维护提醒和维护管理文件,指导维护管理和维护后评价。

15.2.3 维护管理模型宜在运维基础模型的基础上,添加或关联维护计划、维护方案、维护等级、维护周期、维护时间、维护提醒、维护内容、资源耗费、维护记录等信息,其模型单元和信息应符合表15.2.3的规定。

表15.2.3 维护管理模型的模型单元和信息

模型类别	模型单元和信息	模型单元精细度等级	几何表达精度等级	信息深度等级
运维基础模型	• 隧道、地下人行通道、地下综合体、综合管廊运维基础模型的模型单元和信息	L4 见附录表A.5.0.1	G4 见附录表B.5.0.1	N4 见附录表C.6.0.1~表C.6.0.2
设备设施和构件维护信息	• 应包括型号规格、设备编码、维护记录(如损坏、老化、更新、替换、保修等)、生产厂商、采购成本等	—	—	
维护计划和方案信息	• 应包括维护范围、维护周期、维护时间、维护方案、维护提醒、维护后评价等,应符合相关维护规范标准要求			
维护记录信息	• 维护时间、维护内容(如综合巡查、保养维护、维修更换)、资源耗费、维护成本、维护验收、维护后评价等			

15.2.4 维护管理模型应用于维护计划和方案编制、维护技术交底、维护实施、维护验收、维护后评价时，应将维护计划、维护方案、交底书、维护记录和验收单、维护评价报告等添加或关联至相应的模型单元。

15.2.5 维护管理模型宜生成各类维护管理表单，宜进行维护管理信息的查询、浏览、提取、统计分析以及维护提醒、协同维护管理。

15.2.6 维护管理模型应用成果宜包括维护管理模型、维护管理文件等。

15.3 应急管理

15.3.1 应急事件处置时的应急预案制定、疏散模拟演练、应急事件报警、应急事件处置等宜应用 BIM 技术。

15.3.2 应急管理时，宜基于运维基础模型、应急预案等创建应急管理模型，添加或关联应急事件类型、应急响应方案、疏散路线、救援路径等，进行应急预案模拟演练，输出应急预案模拟视频，验证、优化应急预案。在应急管理模型中关联设备设施、功能空间的监测数据信息，进行应急事件报警，输出应急事件位置定位，启动应急预案，指导应急事件处置。

15.3.3 应急管理模型宜在运维基础模型的基础上，添加或关联应急事件类型、位置、预警等级、应急响应方案、自动报警、应急设备设施启动、人员疏散路线、救援路径、责任人等信息，其模型单元和信息应符合表 15.3.3 的规定。

表 15.3.3 应急管理模型的模型单元和信息

<table>
<tr><th>模型类别</th><th>模型单元和信息</th><th>模型单元
精细度等级</th><th>几何表达
精度等级</th><th>信息深度
等级</th></tr>
<tr><td>运维
基础模型</td><td>• 隧道、地下人行通道、地下综合体、综合管廊运维基础模型的模型单元和信息</td><td rowspan="3">L4
见附录
表 A.5.0.1</td><td rowspan="3">G3
见附录
表 B.5.0.1</td><td rowspan="3">N4
见附录
表 C.6.0.1，
表 C.6.0.3</td></tr>
<tr><td>监测、通信、报警系统</td><td>• 烟气感应器、温度感应器、摄像头、报警、广播、屏幕显示、系统集成和关联等</td></tr>
<tr><td>应急预案</td><td>• 急事件类型、位置、预警等级、应急响应方案、自动报警、应急设备设施、人员疏散路线、救援路径、消防和救护车行驶路线、责任人等</td></tr>
</table>

15.3.4 应急管理模型应用于应急预案制定、疏散模拟演练、应急事件处置时，应将应急预案、应急模拟演练分析报告、应急事件处置报告等添加或关联至相应的模型单元。

15.3.5 应急管理模型宜与定位系统、自动监测、通信系统、报警系统、应急响应系统等进行数据和应用集成。

15.3.6 应急管理模型应用成果宜包括应急预案、疏散模拟演练视频、应急响应系统等。

15.4 资产管理

15.4.1 BIM 技术宜作为资产信息、资产报表、资产财务报告、资产分析等辅助手段。

15.4.2 资产管理时，可基于地下空间工程运维基础模型、资产报表等创建资产管理模型，添加或关联资产编码、名称、类别、价值、采购、所属空间等信息，输出资产管理报表、资产财务报告，指导资产信息管理和资产财务分析决策。

15.4.3 资产管理模型宜在运维基础模型的基础上，添加或关联资产名称、类别、编码、价值、采购、位置、所属空间、面积、使用状态等信息，其模型单元和信息应符合表15.4.3的规定。

表15.4.3 资产管理模型的模型单元和信息

<table>
<tr><th>模型类别</th><th>模型单元和信息</th><th>模型单元精细度等级</th><th>几何表达精度等级</th><th>信息深度等级</th></tr>
<tr><td>运维基础模型</td><td>• 隧道、地下人行通道、地下综合体、综合管廊运维基础模型的模型单元和信息</td><td>L4
见附录表A.5.0.1</td><td>G3
见附录表B.5.0.1</td><td rowspan="2">N4
见附录表C.6.0.1，表C.6.0.4</td></tr>
<tr><td>资产属性信息</td><td>• 资产名称、类别、编码、价值、采购、位置、所属空间、面积、使用和租赁状态、维护周期和状态等</td><td>—</td><td>—</td></tr>
</table>

15.4.4 资产管理模型应定期进行资产信息更新，集成资产更新、替换、维护等管理数据。

15.4.5 资产管理模型应用成果宜包括资产管理模型、资产管理报表、资产财务报告等。

15.5 设备集成与监控

15.5.1 设备集成与监控时的设备设施运行状态信息监测、采集和传输、信息集成、数据分析、预警控制等宜应用BIM技术。

15.5.2 设备集成与监控时，宜基于运维基础模型、设备设施技术资料等创建设备集成与监控模型，添加或关联设备设施名称、类别、型号、编码、位置、运行参数等属性信息以及集成实时采集的运行状态监测数据信息，输出设备设施运行状态评估、预警和控制结果，指导设备设施运行状态监控管理。

15.5.3 设备集成与监控模型宜在运维基础模型的基础上，添加、关联或集成设备设施名称、类别、型号、编码、位置、运行参数、预警阈值、运行状态监测数据等信息，其模型单元和信息应符合表 15.5.3 的规定。

表 15.5.3 设备集成与监控模型的模型单元和信息

模型类别	模型单元和信息	模型单元精细度等级	几何表达精度等级	信息深度等级
运维基础模型	• 隧道、地下人行通道、地下综合体、综合管廊运维基础模型的模型单元和信息	L4 见附录 表 A.5.0.1	G3 见附录 表 B.5.0.1	N4 见附录 表 C.6.0.1， 表 C.6.0.5
设备设施属性信息	• 设备设施名称、类别、系统、型号、编码、位置、运行参数、维护周期等	—	—	
监测和报警信息	• 监测数据、预警阈值以及监测数据采集、传输、存储和集成技术参数等			

15.5.4 设备集成与监控模型宜与设备自控系统、自动监测、视频系统、报警系统、安防和消防系统、交通信号系统以及其他智能化系统进行运行状态信息集成。

15.5.5 设备集成与监控模型宜对设备设施运行状态和参数进行调取、查询和分析，宜设置运行状态报警、自动控制和设备维护提醒。

15.5.6 设备集成与监控模型应用成果宜包括设备设施运行监控模型、运行监控数据、运行管理文件。

附录A 模型单元精细度等级

A.1 现状模型单元精细度等级

表 A.1.0.1 现状模型单元精细度等级

模型类别	模型单元	L1	L2	L3	L4
场地地形	地形点	○	●	●	●
	等高距	○	●	●	●
场地地质	场地各层地质	○	●	●	●
	勘探孔	—	—	●	●
现状建筑物、现状构筑物、现状文物	建筑物	○	●	●	●
	构筑物	○	●	●	●
	文物古迹	○	●	●	●
现状地面道路	路面	○	●	●	●
	路基	○	●	●	●
	沿街设施	○	●	●	●
	排水	—	○	●	●
	支挡	—	○	●	●
	防护	—	○	●	●
	照明	—	○	●	●
	绿化设施	○	●	●	●
现状桥梁	上部结构	○	●	●	●
	下部结构	○	●	●	●
	附属结构	○	●	●	●

续表 A.1.0.1

模型类别	模型单元	L1	L2	L3	L4
现状隧道、现状地下轨道交通、现状地铁站、现状铁路	隧道结构	○	●	●	●
	轨道交通线路和轨道	○	●	●	●
	地铁站结构	○	●	●	●
	铁路线路和轨道	○	●	●	●
	附属结构和设施	○	●	●	●
现状管(杆)线	管线	○	●	●	●
	管井	—	○	●	●
	杆线	—	○	●	●
现状河道(湖泊)、现状林木、现状农田、现状村落	河道(湖泊)	○	●	●	●
	林木	○	●	●	●
	农田	○	●	●	●
	村落	○	●	●	●

注:“—”表示“可不包含该信息”;“○”表示“宜包含该信息”;“●”表示“应包含该信息”。下同。

A.2 规划模型单元精细度等级

表 A.2.0.1 规划模型单元精细度等级

模型类别	模型单元	L1	L2	L3	L4
规划地面道路	路面	●	●	●	●
	路基	○	●	●	●
	沿街设施	○	●	●	●
	排水	—	○	●	●
	支挡	—	○	●	●
	防护	—	○	●	●
	照明	—	○	●	●
	绿化设施	○	●	●	●
规划地形	地形点	○	●	●	●
	等高距	○	●	●	●
规划用地	用地范围	○	●	●	●
规划桥梁	上部结构	○	●	●	●
	下部结构	○	●	●	●
	附属结构	—	○	●	●
规划隧道、规划综合管廊、规划轨道交通	隧道结构	○	●	●	●
	综合管廊结构	○	●	●	●
	轨道交通线路和轨道	○	●	●	●
	附属结构和设施	—	○	●	●
规划给水工程、规划污水工程、规划雨水工程、规划电力工程、规划通信工程、规划燃气工程	管道、管线	○	●	●	●
	构筑物	○	●	●	●
	设备设施	—	○	●	●

A.3 设计模型单元精细度等级

表 A.3.0.1 建筑专业模型单元精细度等级

模型类别	模型单元	L1	L2	L3	L4
墙	建筑外墙	●	●	●	●
	建筑内墙	○	●	●	●
板	地面、楼面	○	●	●	●
柱	建筑柱	○	●	●	●
门窗	门	○	●	●	●
	窗	○	●	●	●
	百叶	○	●	●	●
楼梯	楼梯	○	●	●	●
坡道、台阶	坡道	○	●	●	●
	台阶	○	●	●	●
集水井、排水沟、散水	集水井	—	○	●	●
	排水沟	—	○	●	●
	散水	—	○	●	●
栏杆	栏杆	—	○	●	●
装饰装修	吊顶	—	○	●	●
	隔断	—	○	●	●
	饰面板	—	○	●	●
	饰面砖	—	○	●	●
	家具	—	○	●	●
	配景	—	○	●	●

表 A.3.0.2 结构专业模型单元精细度等级

模型类别	模型单元	L1	L2	L3	L4
围护结构	基坑围护	—	○	●	●
	挡土墙	—	○	●	●
基础	桩	—	○	●	●
	承台	—	○	●	●
	筏板	—	○	●	●
墙、柱	结构墙	○	●	●	●
	结构柱	○	●	●	●
梁	梁	○	●	●	●
板	车道板	○	●	●	●
	烟道板	—	●	●	●
钢筋	钢筋	—	○	●	●
零件	管片分块	—	●	●	●
	口型件	—	●	●	●
	π 型件	—	●	●	●
	钢架	—	●	●	●
	钢板	—	●	●	●
钢结构	钢结构	○	●	●	●
变形缝	变形缝	—	○	●	●
设备安装孔洞	预留孔洞	—	○	●	●

表 A.3.0.3　道路专业模型单元精细度等级

模型类别	模型单元	L1	L2	L3	L4
路基	基础	—	○	●	●
	支挡	—	○	●	●
	边坡	—	○	●	●
	边沟	—	○	●	●
路面	机动车道	○	●	●	●
	非机动车道	○	●	●	●
	辅路	—	○	●	●
	人行道	○	●	●	●
	硬路肩	—	○	●	●
	土路肩	—	○	●	●
	绿化带	○	●	●	●
	分隔带	○	●	●	●
	侧平石	—	●	●	●
	侧石	—	●	●	●
	缘石	—	●	●	●
	栏杆	—	●	●	●
	面层	○	●	●	●
	基层	—	●	●	●
	底基层	—	●	●	●
	垫层	—	●	●	●
	坡道	—	●	●	●
	台阶	—	●	●	●
道路交通设施	指示标线	○	●	●	●
	禁止标线	—	●	●	●
	警告标线	—	●	●	●
	标志牌	○	●	●	●
	支撑杆件	—	●	●	●
	设施基础	—	●	●	●

表 A.3.0.4 通风专业模型单元精细度等级

模型类别	模型单元	L1	L2	L3	L4
设备	设备	—	○	●	●
风管和管件	风管和管件	—	○	●	●
液体输送管道和管件	液体输送管道和管件	—	○	●	●
管道附件	管道附件	—	○	○	●
管道支吊架	管道支吊架	—	○	●	●

表 A.3.0.5 给排水专业模型单元精细度等级

模型类别	模型单元	L1	L2	L3	L4
设备、水池、水箱	设备	—	○	●	●
	水池	—	○	●	●
	水箱	—	○	●	●
水管、水管管件	水管	—	○	●	●
	水管管件	—	○	●	●
管道附件	管道附件	—	○	●	●

表 A.3.0.6 供配电与照明专业模型单元精细度等级

模型类别	模型单元	L1	L2	L3	L4
设备	设备	—	○	●	●
电缆桥架	电缆桥架	—	○	●	●
配线管	配线管	—	○	○	●
防雷接地	接闪带、接地测试点	—	○	○	●

表 A.3.0.7 监控专业模型单元精细度等级

模型类别	模型单元	L1	L2	L3	L4
设备、机柜	设备、机柜	—	○	●	●
电缆桥架	电缆桥架	—	○	●	●
电线、电缆配线管	配线管	—	○	●	●

表 A.3.0.8 预制结构模型单元精细度等级

模型种类	模型类别	模型单元	L1	L2	L3	L4
混凝土预制结构	地下工程项目混凝土构件	隧道道路	○	●	●	●
		地下人行通道	○	●	●	●
		地下综合体	○	●	●	●
		综合管廊	○	●	●	●
	预留预埋	预埋线管	—	○	●	●
		预埋件	—	○	●	●
		预埋螺栓	—	○	●	●
		预留孔洞	—	○	●	●
	连接节点	连接混凝土	—	○	○	●
		灌浆	—	○	○	●
		钢筋	—	○	○	●
		螺栓	—	○	○	●
		套筒	—	○	○	●
	加工和施工工艺措施	吊钩	—	○	●	●
		模板	—	○	●	●
钢结构预制	钢结构构件	梁	○	●	●	●
		柱	○	●	●	●
		钢架	○	●	●	●
		网架	○	●	●	●
		膜结构	○	●	●	●
	连接节点	连接板	—	○	○	●
		加劲板	—	○	○	●
		螺栓	—	○	○	●
		焊缝	—	○	○	●
	预留预埋	预埋件	—	○	●	●
		预留孔洞	—	○	●	●

续表 A.3.0.8

模型种类	模型类别	模型单元	L1	L2	L3	L4
机电工程预制	风管、管道、支吊架系统	风管	○	●	●	●
		管道	○	●	●	●
		管件	○	○	○	●
		保温层	—	○	●	●
		阀门	—	○	●	●
		仪表	—	○	●	●
		机械设备	—	○	●	●
		末端	—	○	●	●
		支吊架	—	○	●	●
		支座、基础	—	○	●	●

表 A.3.0.9 工程量计算模型单元精细度等级

模型类别	模型单元	L1	L2	L3	L4
地下工程项目构件	隧道道路	○	●	●	●
	地下人行通道	○	●	●	●
	地下综合体	○	●	●	●
	综合管廊	○	●	●	●
施工场地布置	生产区	—	○	●	●
	办公区	—	○	●	●
	生活区	—	○	●	●
	围挡隔离	—	○	●	●
	临时道路	—	○	●	●
	临水临电	—	○	●	●

续表 A.3.0.9

模型类别	模型单元	L1	L2	L3	L4
施工设备	机械设备	—	○	●	●
	通风设备	—	○	●	●
	照明设备	—	○	●	●
	消防设备	—	○	●	●
临时设施	临时桥	—	○	●	●
	脚手架	—	○	●	●
	模板	—	○	●	●
	围护	—	○	●	●
安全文明施工设施	五牌一图	—	○	●	●
	安全文明施工设施	—	○	●	●

A.4 施工模型单元精细度等级

表 A.4.0.1 临时工程模型单元精细度等级

模型种类	模型类别	模型单元	L1	L2	L3	L4
施工场地布置	生产区	施工区	—	●	●	●
		加工区	—	●	●	●
		堆场库房	—	●	●	●
	办公区	办公室	—	●	●	●
		会议室	—	●	●	●
	生活区	住宿	—	●	●	●
		食堂	—	●	●	●
		活动室	—	●	●	●
	围挡隔离	围墙	—	○	●	●
		隔离栏	—	—	●	●
		防护栏	—	—	●	●
		出入口	—	—	●	●
		门禁	—	—	●	●
		洗车台	—	—	●	●
	临时道路	路基	—	—	●	●
		路面	—	○	●	●
		路肩	—	—	●	●
		排水沟	—	—	●	●
	临水临电	水管	—	—	○	●
		阀门	—	—	○	●
		水泵	—	—	○	●
		水池	—	—	○	●
		电气配管	—	—	○	●
		电箱	—	—	○	●

续表 A.4.0.1

模型种类	模型类别	模型单元	L1	L2	L3	L4
施工设备	机械设备	盾构机	—	○	●	●
		顶管机	—	○	●	●
		挖土、运土机	—	○	●	●
		吊机	—	○	●	●
		运输车辆	—	○	●	●
		施工电梯	—	○	●	●
		混凝土罐车	—	○	●	●
		混凝土泵车	—	○	●	●
		混凝土泵管	—	○	●	●
	通风设备	通风机和管道	—	○	○	●
	照明设备	照明灯具	—	○	○	●
	消防设备	消火栓和管道	—	○	○	●
		灭火器	—	○	○	●
临时设施	临时桥	主体结构	—	—	○	●
		附属结构	—	—	○	●
	脚手架	垫板	—	—	○	●
		架体	—	—	○	●
		楼梯	—	—	○	●
		步道	—	—	○	●
		栏杆	—	—	○	●
		挡脚板	—	—	○	●
		防护网	—	—	○	●
	模板	模板	—	—	○	●
		木方	—	—	○	●
		拉杆	—	—	○	●
	围护	围护结构	—	—	○	●
		支撑结构	—	—	○	●
		防水结构	—	—	○	●

续表 A.4.0.1

模型种类	模型类别	模型单元	L1	L2	L3	L4
安全文明施工设施	五牌一图	工程概况牌	—	—	○	●
		安全生产制度牌	—	—	○	●
		文明施工制度牌	—	—	○	●
		环境保护制度牌	—	—	○	●
		消防保卫制度牌	—	—	○	●
		施工现场平面布置图	—	—	○	●
	安全文明施工设施	安全平台	—	—	○	●
		安全通道	—	—	○	●
		疏散通道	—	—	○	●
		防火、防电、防坠设施	—	—	○	●
		安全标志	—	—	○	●
		移动卫生间	—	—	○	●
		休息亭	—	—	○	●

A.5 运维模型单元精细度等级

表 A.5.0.1 运维模型单元精细度等级

模型类别	模型单元	L1	L2	L3	L4
建筑结构	预制结构构件	—	—	●	●
	隧道构件	—	—	●	●
	地下人行通道构件	—	—	●	●
	地下综合体构件	—	—	●	●
	综合管廊构件	—	—	●	●
道路交通	道路路面	—	—	●	●
	路基桥涵	—	—	●	●
	标志标线	—	—	●	●
	防护设施	—	—	●	●
	信号引导	—	—	●	●
	其他安全和服务设施	—	—	●	●
机电设备	通风设备和系统	—	—	●	●
	给排水设备和系统	—	—	●	●
	供配电及照明设备和系统	—	—	●	●
	监控设备和系统	—	—	●	●
应急预案	应急设备设施	—	—	●	●
	疏散路线	—	—	●	●
	救援路径	—	—	●	●

附录B 模型几何表达精度等级

B.1 现状模型单元几何表达精度等级

表 B.1.0.1 现状模型单元几何表达精度等级

模型类别(单元)	几何表达精度	几何表达精度要求
场地地形	G1	宜以二维图形表示地形范围
	G2	应建模,等高距宜为 2m; 地形点平面距离不大于 20m
	G3	应建模,等高距宜为 1m; 地形点平面距离不大于 10m
	G4	应建模,等高距宜为 0.5m; 地形点平面距离不大于 5m
场地地质	G1	宜以二维图形表示地质范围、地质构成等
	G2	应建模,勘探孔平面距离不大于 1000m
	G3	应建模,勘探孔平面距离不大于 500m
	G4	应建模,勘探孔平面距离不大于 200m
现状建筑物、现状构筑物、现状文物	G1	宜以二维图形表示
	G2	应以体量表示空间占位
	G3	应建模表示主要外观特征
	G4	宜高精度扫描成果表达
现状地面道路	G1	宜以二维图形表示高度、体型、位置、朝向等
	G2	应建模表示大致的尺寸、形状、位置和方向
	G3	应建模表示精确尺寸与位置; 表达路面、路基、沿街设施、排水、照明及绿化设施
	G4	应建模表示实际尺寸与位置; 表达路面、路基、沿街设施、排水、支挡、防护、照明及绿化设施; 模型表面宜有可正确识别的材质

续表 B.1.0.1

模型类别(单元)	几何表达精度	几何表达精度要求
现状桥梁	G1	宜以二维图形表示高度、体型、位置、朝向等
	G2	应建模表示大致的尺寸、形状、位置和方向
	G3	应建模表示精确尺寸与位置
	G4	应建模表示实际尺寸与位置； 模型表面宜有可正确识别的材质
现状隧道、现状地下轨道交通、现状地铁站、现状铁路	G1	宜以二维图形表示高度、体型、位置、朝向等
	G2	应建模表示大致的尺寸、形状、位置和方向
	G3	应建模表示精确尺寸与位置
	G4	应建模表示实际尺寸与位置； 模型表面宜有可正确识别的材质
现状管杆线	G1	宜二维图形表示
	G2	应体量化建模管道空间占位
	G3	应按照管线实际规格尺寸及材质建模； 有坡度的管道宜按照实际坡度建模； 管线支线应建模
	G4	应按照管线实际规格尺寸及材质建模； 有坡度的管道宜按照实际坡度建模； 管件宜按照其实际材质和规格尺寸建模； 管线支线应建模
现状河道(湖泊)、现状林木、现状农田、现状村落	G1	宜以二维图形表示范围
	G2	应建模表示大致的尺寸、形状、位置和方向
	G3	应建模表示精确尺寸与位置
	G4	应建模表示实际尺寸与位置； 模型表面宜有可正确识别的材质

B.2 规划模型单元几何表达精度等级

表 B.2.0.1 规划模型单元几何表达精度等级

模型类别(单元)	几何表达精度	几何表达精度要求
规划地面道路	G1	宜以二维图形表示高度、体型、位置、朝向等
	G2	应建模表示大致的尺寸、形状、位置和方向
	G3	应建模表示精确尺寸与位置； 表达路面、路基、沿街设施、排水、照明及绿化设施
	G4	应建模表示实际尺寸与位置； 表达路面、路基、沿街设施、排水、支挡、防护、照明及绿化设施； 模型表面宜有可正确识别的材质
规划地形	G1	宜以二维图形表示地形范围
	G2	应建模，等高距宜为 2m； 地形点平面距离不大于 20m
	G3	应建模，等高距宜为 1m； 地形点平面距离不大于 10m
	G4	应建模，等高距宜为 0.5m； 地形点平面距离不大于 5m
规划用地	G1	宜以二维图形表示
	G2	应以体量表示空间占位
	G3	应建模表示主要外观特征
	G4	宜高精度成果表达
规划桥梁	G1	宜以二维图形表示高度、体型、位置、朝向等
	G2	应建模表示大致的尺寸、形状、位置和方向
	G3	应建模表示精确尺寸与位置
	G4	应建模表示实际尺寸与位置； 模型表面宜有可正确识别的材质

续表 B.2.0.1

模型类别(单元)	几何表达精度	几何表达精度要求
规划隧道、规划综合管廊、规划轨道交通	G1	宜以二维图形表示高度、体型、位置、朝向、埋深等
	G2	应建模表示大致的尺寸、形状、位置和方向
	G3	应建模表示精确尺寸与位置
	G4	应建模表示实际尺寸与位置； 模型表面宜有可正确识别的材质
规划给水工程、规划污水工程、规划雨水工程、规划电力工程、规划通信工程、规划燃气工程	G1	宜二维图形表示
	G2	应体量化建模管道空间占位
	G3	应按照管线实际规格尺寸及材质建模； 有坡度的管道宜按照实际坡度建模； 管线支线应建模
	G4	应按照管线实际规格尺寸及材质建模； 有坡度的管道宜按照实际坡度建模； 管件宜按照其实际材质和规格尺寸建模； 管线支线应建模

B.3 设计模型单元几何表达精度等级

表 B.3.0.1 建筑专业模型单元几何表达精度等级

模型类别(单元)	几何表达精度	几何表达精度要求
建筑功能级模型	G1	宜二维图形表示
	G2	应体量化建模表示空间占位
	G3	应按照实际尺寸建模; 宜表示材质
	G4	应按照实际尺寸建模; 应表示材质
外墙	G1	宜二维图形表示
	G2	应体量化建模表示空间占位; 宜表示核心层和外饰面材质; 外墙定位基线宜与墙体核心层外表面重合,如有保温层,宜与保温层外表面重合
	G3	构造层厚度不小于 20mm 时,应按照实际厚度建模; 应表示安装构件; 应表示各构造层的材质; 外墙定位基线应与墙体核心层外表面重合,无核心层的外墙体,定位基线应与墙体内表面重合,有保温层的外墙体定位基线应与保温层外表面重合
	G4	构造层厚度不小于 10mm 时,应按照实际厚度建模; 应按照实际尺寸建模安装构件; 应表示各构造层的材质; 外墙定位基线应与墙体核心层外表面重合,无核心层的外墙体,定位基线应与墙体内表面重合,有保温层的外墙体定位基线应与保温层外表面重合; 当砌体垂直灰缝大于 30mm,采用 C20 细石混凝土灌实时,应区分砌体与细石混凝土

续表 B.3.0.1

模型类别(单元)	几何表达精度	几何表达精度要求
内墙	G1	宜二维图形表示
	G2	应体量化建模表示空间占位; 宜表示核心层和外饰面材质; 内墙定位基线宜与墙体核心层表面重合,如有隔音层,宜与隔音层外表面重合
	G3	构造层厚度不小于 20mm 时,应按照实际厚度建模; 应表示安装构件; 宜表示各构造层的材质; 内墙定位基线应与墙体核心层外表面重合,无核心层的外墙体,定位基线应与墙体内表面重合,有隔音的内墙体定位基线应与隔音层外表面重合
	G4	构造层厚度不小于 10mm 时,应按照实际厚度建模; 应按照实际尺寸建模安装构件; 应表示各构造层的材质; 内墙定位基线应与墙体核心层外表面重合,无核心层的内墙体定位基线应与墙体内表面重合,有隔音层的外墙体定位基线应与隔音层外表面重合
建筑柱	G1	宜二维图形表示
	G2	应体量化建模表示空间占位; 宜表示核心层和外饰面材质; 建筑柱基线宜与柱核心层表面重合,如有保温层,宜与保温层外表面重合
	G3	构造层厚度不小于 20mm 时,应按照实际厚度建模; 应表示安装构件; 宜表示各构造层的材质; 建筑柱定位基线应与柱体核心层外表面重合,无核心层的建筑柱,定位基线应与建筑柱内表面重合,有保温的建筑柱,定位基线与保温层外表面重合

续表 B.3.0.1

模型类别(单元)	几何表达精度	几何表达精度要求
建筑柱	G4	构造层厚度不小于10mm时,应按照实际厚度建模; 应按照实际尺寸建模安装构件; 应表示各构造层的材质; 建筑柱定位基线应与柱体核心层外表面重合,无核心层的建筑柱,定位基线应与建筑柱内表面重合,有保温的建筑柱定位基线与保温层外表面重合; 构造柱构件的轮廓表达应与实际相符,即包括嵌接墙体部分(马牙槎)
门窗	G1	宜二维图形表示
	G2	应表示框材、嵌板; 门窗洞口尺寸应准确
	G3	应表示框材、嵌板、主要安装构件; 内嵌板的门窗应表示; 门窗、百叶框材和断面模型容差应为30mm
	G4	应表示框材、嵌板、主要安装构件、密封材料; 应按照实际尺寸建模内嵌的门窗和百叶
楼梯	G1	宜二维图形表示
	G2	应体量化建模表示空间占位; 楼梯应建模踏步、梯段
	G3	梯梁、梯柱应建模,并应输入构造层次信息,构造层厚度不小于20mm时,应按照精确厚度建模
	G4	梯梁、梯柱应建模,并应输入构造层次信息,构造层厚度不小于10mm时,应按照实际厚度建模

续表 B.3.0.1

模型类别(单元)	几何表达精度	几何表达精度要求
坡道、台阶	G1	宜二维图形表示
	G2	应体量化建模表示空间占位
	G3	坡道或台阶应建模,并应输入构造层次信息,构造层厚度不小于 20mm 时,应按照精确厚度建模
	G4	坡道或台阶应建模,并应输入构造层次信息,构造层厚度不小于 10mm 时,应按照实际厚度建模;宜按照实际尺寸建模防滑条和安装构件
散水	G1	宜二维图形表示
	G2	应体量化建模表示空间占位
	G3	构造层厚度不小于 20mm 时,应按照精确厚度建模
	G4	构造层厚度不小于 10mm 时,应按照实际厚度建模
栏杆	G1	宜二维图形表示
	G2	应体量化建模表示空间占位
	G3	应建模,主要部件模型容差宜为 20mm
	G4	应按照实际尺寸建模
变形缝	G1	宜二维图形表示
	G2	应体量化建模表示空间占位
	G3	应建模,主要部件模型容差宜为 10mm
	G4	应按照实际尺寸建模需生产加工的构件
设备安装孔洞	G1	宜二维图形表示
	G2	应建模孔洞的大小和位置
	G3	应建模表示孔洞的精确位置; 主要安装构件、预埋件应建模,模型容差宜为 10mm
	G4	应建模表示孔洞的精确位置; 主要安装构件、预埋件应按实际尺寸建模

表 B.3.0.2 结构专业的模型单元几何表达精度等级

模型类别(单元)	几何表达精度	几何表达精度要求
结构功能级模型	G1	宜二维图形表示
	G2	应体量化建模表示空间占位
	G3	应按照实际尺寸建模； 宜表示材质
	G4	应按照实际尺寸建模； 应表示材质
围护桩	G1	宜二维图形表示
	G2	应体量化建模表示空间占位
	G3	应按照实际构造尺寸建模
	G4	应按照实际构造尺寸建模； 应表示材质
结构墙、柱	G1	宜二维图形或图例表示
	G2	应体量化建模表示空间占位
	G3	构造层厚度不小于 20mm 时，应按照实际厚度建模； 应表示各构造层的材质及安装构件； 应区分矩形柱、异形柱、暗柱； 依附于柱上的牛腿和升板的柱帽应按被依附的柱类型建模
	G4	构造层厚度不小于 10mm 时，应按照实际厚度建模； 应表示各构造层的材质； 应按照实际尺寸建模安装构件； 应区分矩形柱、异形柱、暗柱； 依附于柱上的牛腿和升板的柱帽应按被依附的柱类型建模

续表 B.3.0.2

模型类别(单元)	几何表达精度	几何表达精度要求
梁	G1	宜二维图形表示
	G2	应体量化建模表示空间占位
	G3	构造层厚度不小于20mm时,应按照实际厚度建模; 应表示各构造层的材质; 应表示安装构件; 应区分基础梁、矩形梁、异形梁、圈梁、过梁; 有梁板(包括主、次梁与板)中的梁应区别于其他结构梁
	G4	构造层厚度不小于10mm时,应按照实际厚度建模; 应表示各构造层的材质; 应按照实际尺寸建模安装构件; 应建模,区分基础梁、矩形梁、异形梁、圈梁、过梁; 有梁板(包括主、次梁与板)中的梁应区别于其他结构梁
板(车道板、烟道板)	G1	宜二维图形表示
	G2	应体量化建模表示空间占位
	G3	构造层厚度不小于20mm时,应按照实际厚度建模; 应表示各构造层的材质; 应表示安装构件; 应区分有梁板、无梁板、平板、拱板
	G4	构造层厚度不小于10mm时,应按照实际厚度建模; 应表示各构造层的材质; 应按照实际尺寸建模安装构件; 应区分有梁板、无梁板、平板、拱板

续表 B.3.0.2

模型类别(单元)	几何表达精度	几何表达精度要求
钢筋	G1	宜二维图形表示
	G2	主要结构筋、构造筋应建模
	G3	主要结构筋、构造筋、箍筋应建模
	G4	各类配筋应按照实际尺寸建模
零件(管片分块、口型件、π型件、钢架、钢板)	G1	宜二维图形表示
	G2	应体量化建模表示空间占位
	G3	应按照实际构造尺寸建模
	G4	应按照实际构造尺寸建模,应表示材质
钢结构	G1	宜二维图形表示
	G2	应体量化建模表示主要受力构件
	G3	主要受力构件应按照实际尺寸建模; 主要安装构件应建模
	G4	应按照实际尺寸建模

表 B.3.0.3 道路专业模型单元几何表达精度等级

模型类别(单元)	几何表达精度	几何表达精度要求
道路功能级模型	G1	宜二维图形表示
	G2	应体量化建模表示空间占位
	G3	应按照实际线形及宽度建模; 宜表示材质
	G4	应按照实际线形及宽度建模; 应表示材质
机动车道、非机动车道、辅路、人行道、硬路肩、土路肩	G1	宜二维图形表示
	G2	应体量化建模表示空间占位
	G3	应按照实际线形及宽度建模; 宜表示材质
	G4	应按照实际线形及宽度建模; 应表示材质

续表 B.3.0.3

模型类别(单元)	几何表达精度	几何表达精度要求
绿化带、分隔带、侧平石、侧石、缘石	G1	宜二维图形表示
	G2	应体量化建模表示空间占位
	G3	应按照数值、宽度、高度建模； 宜表示材质
	G4	应按照数值、宽度、高度建模； 应表示材质
栏杆	G1	宜二维图形表示
	G2	应体量化建模表示空间占位
	G3	应建模，主要部件模型容差宜为 20mm
	G4	应按照实际尺寸建模
面层、基层、底基层、垫层	G1	宜二维图形表示
	G2	应体量化建模表示空间占位
	G3	应按实际厚度建模； 宜表示材质
	G4	应按实际厚度建模； 应表示材质
坡道、台阶	G1	宜二维图形表示
	G2	应体量化建模表示空间占位
	G3	坡道或台阶应建模，并应输入构造层次信息，构造层厚度不小于 20mm 时，应按照精确厚度建模
	G4	坡道或台阶应建模，并应输入构造层次信息，构造层厚度不小于 10mm 时，应按照实际厚度建模； 宜按照实际尺寸建模防滑条和安装构件

续表 B.3.0.3

模型类别(单元)	几何表达精度	几何表达精度要求
指示标线、禁止标线、警告标线	G1	宜二维图形表示
	G2	应体量化建模表示空间占位
	G3	应按照精确数值建模,容差 5cm
	G4	应按照精确数值建模,容差 5cm
标志牌、支撑杆件、基础	G1	宜二维图形表示
	G2	应体量化建模表示空间占位
	G3	应建模,主要部件模型容差宜为 20mm
	G4	应按照实际尺寸建模

表 B.3.0.4　通风专业的模型单元几何表达精度等级

模型类别(单元)	几何表达精度	几何表达精度要求
设备	G1	宜二维图形表示
	G2	应体量化建模表示主体空间占位
	G3	应建模表示设备尺寸及位置; 应粗略表示主要设备内部构造; 宜表达其连接管道、阀门、管件、附属设备或基座等安装构件
	G4	宜按照产品的实际尺寸建模或采用高精度扫描模型
风管和管件	G1	宜二维图形表示
	G2	应体量化建模管道空间占位
	G3	应建模表示管线实际规格尺寸及材质; 应建模表示风管支管及末端百叶实际尺寸及位置; 有保温的管道宜按照实际保温材质及厚度建模
	G4	应按照管线实际规格尺寸及材质建模; 应建模表示风管支管及末端百叶实际尺寸及位置; 有保温管道宜按照实际保温材质及厚度建模; 宜按照管道实际安装尺寸进行分节; 管件宜按照其实际材质和规格尺寸建模

续表 B.3.0.4

模型类别(单元)	几何表达精度	几何表达精度要求
液体输送管道和管件	G1	宜二维图形表示
	G2	应体量化建模管道空间占位
	G3	应按照管线实际规格尺寸及材质建模； 有坡度的管道宜按照实际坡度建模； 有保温管道宜按照实际保温材质及厚度建模； 管线支线应建模
	G4	应按照管线实际规格尺寸及材质建模，管线支线应建模； 有坡度的管道宜按照实际坡度建模； 有保温管道宜按照实际保温材质及厚度建模； 管件宜按照其实际材质和规格尺寸建模
管道附件	G1	宜二维图形表示
	G2	应体量化建模表示空间占位
	G3	应建模表示构件的实际尺寸及材质
	G4	应建模表示构件的实际尺寸、材质、连接方式、安装附件等
管道支吊架	G1	宜二维图形表示
	G2	应体量化建模主要部件空间占位
	G3	应建模表示构件的实际尺寸及材质
	G4	应建模表示构件的实际尺寸、材质、连接方式、安装附件等

表 B.3.0.5 给排水专业的模型单元几何表达精度等级

模型类别(单元)	几何表达精度	几何表达精度要求
设备、水池、水箱	G1	宜二维图形表示
	G2	应体量化建模表示主体空间占位
	G3	应建模表示设备尺寸及位置； 应粗略表示主要设备内部构造； 宜表达其连接管道、阀门、管件、附属设备或基座等安装构件
	G4	宜按照产品的实际尺寸建模或采用高精度扫描模型
水管、水管管件	G1	宜二维图形表示
	G2	应体量化建模管道空间占位
	G3	应按照管线实际规格尺寸及材质建模； 有坡度的管道宜按照实际坡度建模； 有保温管道宜按照实际保温材质及厚度建模； 管线支线应建模
	G4	应按照管线实际规格尺寸及材质建模； 有坡度的管道宜按照实际坡度建模； 有保温管道宜按照实际保温材质及厚度建模； 管件宜按照其实际材质和规格尺寸建模； 管线支线应建模
管道附件	G1	宜二维图形表示
	G2	应体量化建模表示空间占位
	G3	应建模表示构件的实际尺寸及材质
	G4	应建模表示构件的实际尺寸、材质、连接方式、安装附件等

表 B.3.0.6 供配电与照明专业的模型单元几何表达精度等级

模型类别(单元)	几何表达精度	几何表达精度要求
设备	G1	宜二维图形表示
	G2	应体量化建模表示主体空间占位
	G3	应建模表示设备尺寸及位置； 宜建模表示其连接电缆桥架、母线、附属设备或基座等安装位置及尺寸
	G4	宜按照产品的实际尺寸建模或采用高精度扫描模型
电缆桥架	G1	宜二维图形表示
	G2	应体量化建模表示主体空间占位
	G3	应按照桥架的实际规格尺寸及材质建模； 应建模表示管道支架的尺寸； 有防火包裹的宜按照实际包裹材质及厚度建模
	G4	应按照桥架实际规格尺寸及材质建模； 应建模表示管道支架的尺寸； 有防火包裹的应按照实际包裹材质及厚度建模； 宜按照桥架实际安装尺寸进行分节； 宜按照实际尺寸建模安装构件
管径不小于70mm的电气线路敷设配线管(电线、电缆配线管)	G1	宜二维图形表示
	G2	应体量化建模表示主体空间占位
	G3	应建模表示构件尺寸及位置
	G4	应按照产品的实际尺寸、构造信息建模
接闪带、接地测试点等	G1	宜二维图形表示
	G2	应体量化建模表示主体空间占位
	G3	应建模表示构件的几何特征
	G4	宜按照产品的实际尺寸、构造信息建模或采用高精度扫描模型

表 B.3.0.7 监控专业的模型单元几何表达精度等级

模型类别(单元)	几何表达精度	几何表达精度要求
设备、机柜	G1	宜二维图形表示
	G2	应体量化建模表示主体空间占位
	G3	应建模表示设备尺寸及位置; 宜建模表示其连接电缆桥架、母线、附属设备或基座等安装位置及尺寸
	G4	宜按照产品的实际尺寸建模或采用高精度扫描模型
电缆桥架	G1	宜二维图形表示
	G2	应体量化建模表示主体空间占位
	G3	应按照桥架的实际规格尺寸及材质建模; 应建模表示管道支架的尺寸; 有防火包裹的宜按照实际包裹材质及厚度建模
	G4	应按照桥架实际规格尺寸及材质建模; 应建模表示管道支架的尺寸; 有防火包裹的应按照实际包裹材质及厚度建模; 宜按照桥架实际安装尺寸进行分节; 宜按照实际尺寸建模安装构件
管径不小于 70mm 的智能化线路敷设配线管(电线、电缆配线管)	G1	宜二维图形表示
	G2	应体量化建模表示主体空间占位
	G3	应建模表示构件尺寸及位置
	G4	应按照产品的实际尺寸、构造信息建模

表 B.3.0.8　预制结构模型单元几何表达精度等级

模型类别	模型单元	几何表达精度	几何表达精度要求
混凝土预制结构	地下工程项目混凝土构件	G1	宜二维图形表示
		G2	应体量化建模表示主体空间占位
		G3	应建模表示构件尺寸及位置
		G4	应按照构件的实际尺寸、构造信息建模
	预留预埋件	G1	宜二维图形表示
		G2	应体量化建模表示主体空间占位
		G3	应建模表示构件尺寸及位置
		G4	应按照构件的实际尺寸、构造信息建模
	连接节点	G1	宜二维图形表示
		G2	应体量化建模表示主体空间占位
		G3	应建模表示构件尺寸及位置
		G4	应按照产品的实际尺寸、构造信息建模
	加工和施工工艺构造构件	G1	宜二维图形表示
		G2	应体量化建模表示主体空间占位
		G3	应建模表示构件尺寸及位置
		G4	应按照产品的实际尺寸、构造信息建模
钢结构预制	钢结构构件	G1	宜二维图形表示
		G2	应体量化建模表示主体空间占位
		G3	应建模表示构件尺寸及位置
		G4	应按照产品的实际尺寸、构造信息建模
	连接节点	G1	宜二维图形表示
		G2	应体量化建模表示主体空间占位
		G3	应建模表示构件尺寸及位置
		G4	应按照产品的实际尺寸、构造信息建模
	预留预埋件	G1	宜二维图形表示
		G2	应体量化建模表示主体空间占位
		G3	应建模表示构件尺寸及位置
		G4	应按照产品的实际尺寸、构造信息建模

续表 B.3.0.8

模型类别	模型单元	几何表达精度	几何表达精度要求
机电工程预制	风管、管道、支架、构件	G1	宜二维图形表示
		G2	应体量化建模表示主体空间占位
		G3	应建模表示构件尺寸及位置
		G4	应按照产品的实际尺寸、构造信息建模
	泵组、管组	G1	宜二维图形表示
		G2	应体量化建模表示主体空间占位
		G3	应建模表示构件尺寸及位置
		G4	应按照产品的实际尺寸、构造信息建模

表 B.3.0.9　工程量计算模型单元几何表达精度等级

模型类别	模型单元	几何表达精度	几何表达精度要求
地下工程项目构件	隧道道路	G1	宜二维图形表示
		G2	应体量化建模表示主体空间占位
		G3	应建模表示构件尺寸及位置
		G4	应按照构件的实际尺寸、构造信息建模
	地下人行通道	G1	宜二维图形表示
		G2	应体量化建模表示主体空间占位
		G3	应建模表示构件尺寸及位置
		G4	应按照构件的实际尺寸、构造信息建模
	地下综合体	G1	宜二维图形表示
		G2	应体量化建模表示主体空间占位
		G3	应建模表示构件尺寸及位置
		G4	应按照构件的实际尺寸、构造信息建模
	综合管廊	G1	宜二维图形表示
		G2	应体量化建模表示主体空间占位
		G3	应建模表示构件尺寸及位置
		G4	应按照构件的实际尺寸、构造信息建模

续表 B.3.0.9

模型类别	模型单元	几何表达精度	几何表达精度要求
施工场地布置	生产区	G1	宜二维图形表示
		G2	应体量化建模表示主体空间占位
		G3	应建模表示构件尺寸及位置
		G4	应按照构件的实际尺寸、构造信息建模
	办公区	G1	宜二维图形表示
		G2	应体量化建模表示主体空间占位
		G3	应建模表示构件尺寸及位置
		G4	应按照构件的实际尺寸、构造信息建模
	生活区	G1	宜二维图形表示
		G2	应体量化建模表示主体空间占位
		G3	应建模表示构件尺寸及位置
		G4	应按照构件的实际尺寸、构造信息建模
	围挡隔离	G1	宜二维图形表示
		G2	应体量化建模表示主体空间占位
		G3	应建模表示构件尺寸及位置
		G4	应按照构件的实际尺寸、构造信息建模
	临时道路	G1	宜二维图形表示
		G2	应体量化建模表示主体空间占位
		G3	应建模表示构件尺寸及位置
		G4	应按照构件的实际尺寸、构造信息建模
	临水临电	G1	宜二维图形表示
		G2	应体量化建模表示主体空间占位
		G3	应建模表示构件尺寸及位置
		G4	应按照构件的实际尺寸、构造信息建模

续表 B.3.0.9

模型类别	模型单元	几何表达精度	几何表达精度要求
施工设备	机械设备	G1	宜二维图形表示
		G2	应体量化建模表示主体空间占位
		G3	应建模表示构件尺寸及位置
		G4	应按照构件的实际尺寸、构造信息建模
	通风、照明、消防设备	G1	宜二维图形表示
		G2	应体量化建模表示主体空间占位
		G3	应建模表示构件尺寸及位置
		G4	应按照构件的实际尺寸、构造信息建模
临时设施	临时桥	G1	宜二维图形表示
		G2	应体量化建模表示主体空间占位
		G3	应建模表示构件尺寸及位置
		G4	应按照构件的实际尺寸、构造信息建模
	脚手架	G1	宜二维图形表示
		G2	应体量化建模表示主体空间占位
		G3	应建模表示构件尺寸及位置
		G4	应按照构件的实际尺寸、构造信息建模
	模板	G1	宜二维图形表示
		G2	应体量化建模表示主体空间占位
		G3	应建模表示构件尺寸及位置
		G4	应按照构件的实际尺寸、构造信息建模
	围护	G1	宜二维图形表示
		G2	应体量化建模表示主体空间占位
		G3	应建模表示构件尺寸及位置
		G4	应按照构件的实际尺寸、构造信息建模

续表 B.3.0.9

模型类别	模型单元	几何表达精度	几何表达精度要求
安全文明施工设施	五牌一图	G1	宜二维图形表示
		G2	应体量化建模表示主体空间占位
		G3	应建模表示构件尺寸及位置
		G4	应按照构件的实际尺寸、构造信息建模
	安全文明施工设施	G1	宜二维图形表示
		G2	应体量化建模表示主体空间占位
		G3	应建模表示构件尺寸及位置
		G4	应按照构件的实际尺寸、构造信息建模

B.4 施工模型单元几何表达精度等级

表 B.4.0.1 施工场地布置模型单元几何表达精度等级

模型类别(单元)	几何表达精度	几何表达精度要求
生产区	G1	宜采用二维图形表示
	G2	应体量化建模表示空间占位
	G3	应按照实际尺寸和位置建模;宜表示材质
	G4	应按照实际尺寸和位置建模;应表示材质
办公区	G1	宜采用二维图形表示
	G2	应体量化建模表示空间占位
	G3	应按照实际尺寸和位置建模;宜表示材质
	G4	应按照实际尺寸和位置建模;应表示材质
生活区	G1	宜采用二维图形表示
	G2	应体量化建模表示空间占位
	G3	应按照实际尺寸和位置建模;宜表示材质
	G4	应按照实际尺寸和位置建模;应表示材质
围挡隔离	G1	宜采用二维图形表示
	G2	应体量化建模表示空间占位
	G3	应按照实际尺寸和位置建模;宜表示材质
	G4	应按照实际尺寸和位置建模;应表示材质
临时道路	G1	宜采用二维图形表示
	G2	应体量化建模表示空间占位
	G3	应按照实际尺寸和位置建模;宜表示材质
	G4	应按照实际尺寸和位置建模;应表示材质
临水临电	G1	宜采用二维图形表示
	G2	应体量化建模表示空间占位
	G3	应按照实际尺寸和位置建模;宜表示材质
	G4	应按照实际尺寸和位置建模;应表示材质

表 B.4.0.2 施工设备模型单元几何表达精度等级

模型类别(单元)	几何表达精度	几何表达精度要求
机械设备	G1	宜采用二维图形表示
	G2	应体量化建模表示空间占位
	G3	应按照实际尺寸和位置建模;宜表示材质
	G4	应按照实际尺寸和位置建模;应表示材质
通风设备	G1	宜采用二维图形表示
	G2	应体量化建模表示空间占位
	G3	应按照实际尺寸和位置建模;宜表示材质
	G4	应按照实际尺寸和位置建模;应表示材质
照明设备	G1	宜采用二维图形表示
	G2	应体量化建模表示空间占位
	G3	应按照实际尺寸和位置建模;宜表示材质
	G4	应按照实际尺寸和位置建模;应表示材质
消防设备	G1	宜采用二维图形表示
	G2	应体量化建模表示空间占位
	G3	应按照实际尺寸和位置建模;宜表示材质
	G4	应按照实际尺寸和位置建模;应表示材质

表 B.4.0.3 临时设施模型单元几何表达精度等级

模型类别(单元)	几何表达精度	几何表达精度要求
临时桥	G1	宜采用二维图形表示
	G2	应体量化建模表示空间占位
	G3	应按照实际尺寸和位置建模;宜表示材质
	G4	应按照实际尺寸和位置建模;应表示材质
脚手架	G1	宜采用二维图形表示
	G2	应体量化建模表示空间占位
	G3	应按照实际尺寸和位置建模;宜表示材质
	G4	应按照实际尺寸和位置建模;应表示材质
模板	G1	宜采用二维图形表示
	G2	应体量化建模表示空间占位
	G3	应按照实际尺寸和位置建模;宜表示材质
	G4	应按照实际尺寸和位置建模;应表示材质
围护	G1	宜采用二维图形表示
	G2	应体量化建模表示空间占位
	G3	应按照实际尺寸和位置建模;宜表示材质
	G4	应按照实际尺寸和位置建模;应表示材质

表 B.4.0.4 安全文明施工设施模型单元几何表达精度等级

模型类别(单元)	几何表达精度	几何表达精度要求
五牌一图	G1	宜采用二维图形表示
	G2	应体量化建模表示空间占位
	G3	应按照实际尺寸和位置建模;宜表示材质
	G4	应按照实际尺寸和位置建模;应表示材质
安全文明施工设施	G1	宜采用二维图形表示
	G2	应体量化建模表示空间占位
	G3	应按照实际尺寸和位置建模;宜表示材质
	G4	应按照实际尺寸和位置建模;应表示材质

B.5 运维模型单元几何表达精度等级

表 B.5.0.1 建筑结构模型单元几何表达精度等级

模型类别(单元)	几何表达精度	几何表达精度要求
预制结构构件	G1	宜采用二维图形表示
	G2	应体量化建模表示空间占位
	G3	应按照实际尺寸和位置建模;宜表示材质
	G4	应按照实际尺寸和位置建模;应表示材质
隧道构件	G1	宜采用二维图形表示
	G2	应体量化建模表示空间占位
	G3	应按照实际尺寸和位置建模;宜表示材质
	G4	应按照实际尺寸和位置建模;应表示材质
地下人行通道构件	G1	宜采用二维图形表示
	G2	应体量化建模表示空间占位
	G3	应按照实际尺寸和位置建模;宜表示材质
	G4	应按照实际尺寸和位置建模;应表示材质
地下综合体构件	G1	宜采用二维图形表示
	G2	应体量化建模表示空间占位
	G3	应按照实际尺寸和位置建模;宜表示材质
	G4	应按照实际尺寸和位置建模;应表示材质
综合管廊构件	G1	宜采用二维图形表示
	G2	应体量化建模表示空间占位
	G3	应按照实际尺寸和位置建模;宜表示材质
	G4	应按照实际尺寸和位置建模;应表示材质

表 B.5.0.2 道路交通模型单元几何表达精度等级

模型类别(单元)	几何表达精度	几何表达精度要求
道路路面	G1	宜采用二维图形表示
	G2	应体量化建模表示空间占位
	G3	应按照实际尺寸和位置建模;宜表示材质
	G4	应按照实际尺寸和位置建模;应表示材质
路基桥涵	G1	宜采用二维图形表示
	G2	应体量化建模表示空间占位
	G3	应按照实际尺寸和位置建模;宜表示材质
	G4	应按照实际尺寸和位置建模;应表示材质
标志标线	G1	宜采用二维图形表示
	G2	应体量化建模表示空间占位
	G3	应按照实际尺寸和位置建模;宜表示材质
	G4	应按照实际尺寸和位置建模;应表示材质
防护设施	G1	宜采用二维图形表示
	G2	应体量化建模表示空间占位
	G3	应按照实际尺寸和位置建模;宜表示材质
	G4	应按照实际尺寸和位置建模;应表示材质
信号引导	G1	宜采用二维图形表示
	G2	应体量化建模表示空间占位
	G3	应按照实际尺寸和位置建模;宜表示材质
	G4	应按照实际尺寸和位置建模;应表示材质
其他安全和服务设施	G1	宜采用二维图形表示
	G2	应体量化建模表示空间占位
	G3	应按照实际尺寸和位置建模;宜表示材质
	G4	应按照实际尺寸和位置建模;应表示材质

表 B.5.0.3 机电设备模型单元几何表达精度等级

模型类别(单元)	几何表达精度	几何表达精度要求
通风设备和系统	G1	宜采用二维图形表示
	G2	应体量化建模表示空间占位
	G3	应按照实际尺寸和位置建模;宜表示材质
	G4	应按照实际尺寸和位置建模;应表示材质
给排水设备和系统	G1	宜采用二维图形表示
	G2	应体量化建模表示空间占位
	G3	应按照实际尺寸和位置建模;宜表示材质
	G4	应按照实际尺寸和位置建模;应表示材质
供配电及照明设备和系统	G1	宜采用二维图形表示
	G2	应体量化建模表示空间占位
	G3	应按照实际尺寸和位置建模;宜表示材质
	G4	应按照实际尺寸和位置建模;应表示材质
监控设备和系统	G1	宜采用二维图形表示
	G2	应体量化建模表示空间占位
	G3	应按照实际尺寸和位置建模;宜表示材质
	G4	应按照实际尺寸和位置建模;应表示材质

表 B.5.0.4 应急预案模型单元几何表达精度等级

模型类别(单元)	几何表达精度	几何表达精度要求
应急设备设施	G1	宜采用二维图形表示
	G2	应体量化建模表示空间占位
	G3	应按照实际尺寸和位置建模;宜表示材质
	G4	应按照实际尺寸和位置建模;应表示材质
疏散路线	G1	宜采用二维图形表示
	G2	应体量化建模表示空间占位
	G3	应按照实际尺寸和位置建模;宜表示材质
	G4	应按照实际尺寸和位置建模;应表示材质
救援路径	G1	宜采用二维图形表示
	G2	应体量化建模表示空间占位
	G3	应按照实际尺寸和位置建模;宜表示材质
	G4	应按照实际尺寸和位置建模;应表示材质

附录C 模型信息深度等级

C.1 项目总体信息深度等级

表C.1.0.1 项目基本信息深度等级

属性名称	参数类型	单位/描述/取值范围	信息深度等级			
			N1	N2	N3	N4
项目名称	文本	项目名称	●	●	●	●
项目性质	文本	新建、改建	●	●	●	●
项目编号	文本	项目设计号	●	●	●	●
项目地址	文本	项目所在地	●	●	●	●
建设单位	文本	项目建设单位	●	●	●	●
设计单位	文本	项目设计单位	●	●	●	●
工程范围	文本		○	●	●	●
工程规模	文本		○	●	●	●
工程内容	文本		○	●	●	●
功能定位	文本		○	●	●	●
道路等级	枚举型	快速路、主干路、次干路、支路	○	●	●	●
设计(施工)标段划分	文本		○	●	●	●
设计周期	数值		○	●	●	●
工程投资及资金来源	文本	项目的投资以及资金来源	○	●	●	●

表 C.1.0.2 建设说明信息深度等级

属性名称	参数类型	单位/描述/取值范围	信息深度等级			
			N1	N2	N3	N4
建设地点	文本	项目建设地点	●	●	●	●
建设阶段	文本	项目建设阶段	●	●	●	●
工程范围	文本	项目建设红线范围	●	●	●	●
工程规模	文本	项目建设工程规模	●	●	●	●
设计内容	文本	设计内容	●	●	●	●
气象条件	文本	气候区、气候特点、年平均日照时数、日照率、平均气温、四季简介、年无霜期、年降雨量等	●	●	●	●
地形地貌	文本	地势、地形、山脉水系简介	●	●	●	●
水文地质	文本	水系介绍、水域位置、常水位、洪水位、枯水位、水量、水质情况、水体含沙量等	●	●	●	●
冻土深度	数值	m	○	●	●	●
编制依据	文本	工程设计编制依据文件名称列表	●	●	●	●
规划资料	文本	规划资料名称列表	●	●	●	●
项目建议书	文本	PDF 文档链接地址	●	●	●	●
环境影响评价报告	文本	PDF 文档链接地址	—	●	●	●
地质灾害危险性评估报告	文本	PDF 文档链接地址	—	●	●	●
防洪影响评价报告	文本	PDF 文档链接地址	—	●	●	●
水土保持评价报告	文本	PDF 文档链接地址	—	●	●	●
建设项目交通影响评价报告	文本	PDF 文档链接地址	○	●	●	●
建设项目压覆矿产资源证明	文本	PDF 文档链接地址	—	●	●	●
通航安全影响论证报告	文本	PDF 文档链接地址	—	●	●	●
立项批复文件	文本	批复文件图片	—	●	●	●

续表 C.1.0.2

属性名称	参数类型	单位/描述/取值范围	信息深度等级			
			N1	N2	N3	N4
建设工程规划许可证	文本	许可证图片	—	●	●	●
建设用地规划许可证	文本	许可证图片	—	●	●	●
涉铁路/航道/机场/公路/电力/石油部	文本	文本描述	—	●	●	●
概预算编制办法	文本	PDF 文档链接地址	○	●	●	●
设计任务书或协议书	文本	PDF 文档链接地址	○	●	●	●
配套情况	文本	文本描述	—	●	●	●

表 C.1.0.3　隧道工程技术标准信息深度等级

属性名称	参数类型	单位/描述/取值范围	信息深度等级			
			N1	N2	N3	N4
道路等级	枚举型	快速路、主干路、次干路、支路	●	●	●	●
设计速度	数值	km/h	●	●	●	●
车道宽度	数值	m	●	●	●	●
设计荷载	枚举型	城－A、城－B	○	●	●	●
道路最小净高	数值	m	●	●	●	●
防水等级	枚举型	一级、二级、三级、四级	○	●	●	●
耐火等级	枚举型	一级、二级、三级、四级	○	●	●	●
结构安全等级	枚举型	一级、二级、三级	○	●	●	●
人防等级	枚举型	1,2,2b,3,4,4b,5,6	○	●	●	●
设计基准期	枚举型	5 年、25 年、50 年、100 年	○	●	●	●
抗震等级	枚举型	一级、二级、三级、四级	○	●	●	●

表 C.1.0.4 地下人行通道工程技术标准信息深度等级

属性名称	参数类型	单位/描述/取值范围	信息深度等级			
			N1	N2	N3	N4
结构安全等级	枚举型	一级、二级、三级、四级	○	●	●	●
结构设计使用年限	枚举型	5年、25年、50年、100年	○	●	●	●
汽车荷载	文本	如公路－I级	○	●	●	●
人群荷载	文本	如 $4.0kN/m^2$	○	●	●	●
地震基本烈度	文本	如6度、7度	○	●	●	●
最小净高	数值	m	●	●	●	●
防水等级	枚举型	一级、二级、三级、四级	○	●	●	●
抗渗等级	枚举型	P4,P6,P8,P10,P12,大于P12	○	●	●	●
耐火等级	枚举型	一级、二级、三级、四级	○	●	●	●
覆土深度	数值	m	●	●	●	●
与相邻地下构筑物最小净距	数值	m	●	●	●	●
最小转弯半径	数值	m	○	●	●	●
最大纵坡	数值	%	○	●	●	●
逃生口间距	数值	m	○	●	●	●
逃生口尺寸	数值	m	○	●	●	●
通风换气次数	数值	次/h	○	●	●	●

表 C.1.0.5　地下综合体工程技术标准信息深度等级

属性名称	参数类型	单位/描述/取值范围	信息深度等级			
			N1	N2	N3	N4
道路等级	枚举型	快速路、主干路、次干路、支路	●	●	●	●
设计车速	数值	如 50 km/h	●	●	●	●
车行道标准	文本	如双向六车道	●	●	●	●
线型标准	数值	如最小平曲线半径 $R=3000$m 最大纵坡 $i_{max}=6\%$ 最小纵坡 $i_{min}=0.3\%$	○	●	●	●
汽车荷载	文本	如公路－Ⅰ级	○	●	●	●
人群荷载	文本	如 4.0kN/m^2	○	●	●	●
路面设计标准轴载	文本	如 Bzz-100 型标准车	○	●	●	●
路面结构	文本	如 SMA 阻燃式沥青路面	○	●	●	●
结构抗震设计标准	文本	如 6 度计算，构造设防	○	●	●	●
车行净空	数值	如净空 $H\geqslant4.5$m	●	●	●	●
轨道交通设计荷载	文本	如双线跨座式单轨列车、单线按 8 辆车编组，满员时单车轴重为 4×110kN	○	●	●	●
设计车速	数值	如最大行车速度 75km/h	○	●	●	●
单车主要尺寸	数值	车体长×宽×高	○	●	●	●
建筑限界	数值	如区间段 6.0m×7.57m(高×宽)	●	●	●	●
线路平面	数值	如区间段最小平曲线半径为 170m，车站段最小平曲线半径为 700m	●	●	●	●
线路纵面	数值	如区间最大纵坡为 45‰，车站纵坡为 3‰	○	●	●	●
覆土深度	数值	m	●	●	●	●
与相邻地下构筑物最小净距	数值	m	●	●	●	●
结构设计使用年限	枚举型	5 年、25 年、50 年、100 年	○	●	●	●

表 C.1.0.6　综合管廊工程技术标准信息深度等级

属性名称	参数类型	单位/描述/取值范围	信息深度等级			
			N1	N2	N3	N4
覆土深度	数值	m	●	●	●	●
河道下覆土深度	数值	m	●	●	●	●
与相邻地下构筑物最小净距	数值	m	●	●	●	●
最小转弯半径	数值	m	○	●	●	●
最大纵坡	数值	%	○	●	●	●
检修通道净宽	数值	m	○	●	●	●
管道安装净距	数值	m	○	●	●	●
逃生口间距	数值	m	○	●	●	●
逃生口尺寸	数值	m	○	●	●	●
吊装口间距	数值	m	○	●	●	●
通风换气次数	数值	次/h	○	●	●	●
排水区间间隔	数值	m	○	●	●	●
结构设计使用年限	枚举型	5年、25年、50年、100年	○	●	●	●

C.2 现状信息深度等级

表 C.2.0.1 场地地形信息深度等级

属性组	属性名称	参数类型	单位/描述/取值范围	信息深度等级			
				N1	N2	N3	N4
场地信息	场地名称	文本		●	●	●	●
	场地类别	枚举型	Ⅰ类、Ⅱ类、Ⅲ类、Ⅳ类	●	●	●	●
	场地位置	文本		●	●	●	●
	场地边界	二维点数组	{(m,m),(m,m),……}	●	●	●	●
	属地信息	文本		—	●	●	●
	场地经纬度	文本	(°,°)	—	●	●	●
	地形地貌描述	文本		—	●	●	●
	设计地震分组	枚举型	第一组、第二组、第三组	—	●	●	●
	基本地震加速度	枚举型	0.05g,0.1g,0.15g,0.2g,0.3g,0.4g	—	●	●	●
	场地液化等级	枚举型	轻微、中等、严重	—	●	●	●
高程信息	高程点编号	文本		○	●	●	●
	高程点坐标	三维点	(m,m,m)	○	●	●	●
	等高线编号	文本		—	●	●	●
	等高线走向	二维点数组	{(m,m),(m,m),……}	—	●	●	●
	等高线高程	数值	m	—	●	●	●
	场地最低点高程	数值	m	—	●	●	●
	场地最高点高程	数值	m	—	●	●	●
	场地代表性高程	数值	m	—	●	●	●

表 C.2.0.2 场地地质信息深度等级

属性组	属性名称	参数类型	单位/描述/取值范围	信息深度等级			
				N1	N2	N3	N4
地层构成与特征	地层名称	枚举型	中风化、残积土、黄土、砂土等	○	●	●	●
	地层编号	文本		—	●	●	●
	地质年代	文本		—	●	●	●
	地层厚度	文本		○	●	●	●
	地层岩土分类名称	文本		—	●	●	●
	层模拟颜色	文本	(R,G,B)	—	●	●	●
	层实际颜色	文本	(R,G,B)	—	●	●	●
	地层分布范围	文本		—	●	●	●
岩土物理力学参数	地基承载力特征值	数值	kPa	○	●	●	●
	压缩模量(土工试验)	数值	MPa	—	●	●	●
	压缩模量(静力触探)	数值	MPa	—	●	●	●
	压缩模量(标贯试验)	数值	MPa	—	●	●	●
	压缩模量(建议值)	数值	MPa	—	●	●	●
	含水率	数值	%	—	●	●	●
	干密度	数值	g/cm^3	—	●	●	●
	湿密度	数值	g/cm^3	—	●	●	●
	饱和度	数值	%	—	●	●	●
	孔隙比	数值		—	●	●	●
	抗力/单位面积度	数值	MPa	—	●	●	●
	液限	数值	%	—	●	●	●
	塑限	数值	%	—	●	●	●
	液限指数	数值		—	●	●	●
	塑限指数	数值		—	●	●	●

续表 C.2.0.2

属性组	属性名称	参数类型	单位/描述/取值范围	信息深度等级			
				N1	N2	N3	N4
岩土物理力学参数	黏聚力 c(直剪固快)	数值	MPa	—	●	●	●
	黏聚力 c(三轴排水)	数值	MPa	—	●	●	●
	黏聚力 c(慢剪)	数值	MPa	—	●	●	●
	内摩擦角 φ(直剪固快)	数值	°	—	●	●	●
	内摩擦角 φ(三轴排水)	数值	°	—	●	●	●
	内摩擦角 φ(慢剪)	数值	°	—	●	●	●
	重度	数值	kN/ m^3	—	●	●	●
	基底摩擦系数	数值		—	●	●	●
	桩侧摩阻力标准值	数值	kPa	—	●	●	●
	桩端土承载力容许值	数值	kPa	—	●	●	●
	岩石类型	枚举型	硬质岩石、中硬岩石、软质岩石	○	●	●	●
	岩石抗压强度	数值	MPa	—	●	●	●
	岩层滑面倾角	数值	°	—	●	●	●
	岩石风化程度	枚举型	未风化、微风化、弱风化……	—	●	●	●
地表水信息	水体名称	文本		○	●	●	●
	水体位置	文本		○	●	●	●
	水体面积	数值	m^2	○	●	●	●
	河床标高	数值	m	—	●	●	●
	淤泥厚度	数值	m	—	●	●	●
	水体常水位	数值	m	—	●	●	●
	水体高水位	数值	m	—	●	●	●
	水体最高洪水位	数值	m	—	●	●	●

续表 C.2.0.2

属性组	属性名称	参数类型	单位/描述/取值范围	信息深度等级			
				N1	N2	N3	N4
地下水信息	地下水埋深	数值	m	○	●	●	●
场地水土腐蚀性信息	场地土 pH 值	数值	范围[0,14]	—	●	●	●
	场地水 pH 值	数值	范围[0,14]	—	●	●	●
	腐蚀程度	枚举型	强腐蚀、中等腐蚀、弱腐蚀、无腐蚀	—	●	●	●
自然地理信息	多年平均气温	数值	℃	—	●	●	●
	多年最高气温	数值	℃	—	●	●	●
	多年最低气温	温度	℃	—	●	●	●
	冻土月数	整数	>0	—	●	●	●
	多年平均降水量	文本	mm	—	●	●	●
	多年最大降水量	文本	mm	—	●	●	●
	多年最小降水量	文本	mm	—	●	●	●
	多年平均蒸发量	文本	mm	—	●	●	●
	气候条件	文本		—	●	●	●
	风速	数值	m/s	—	●	●	●

表 C.2.0.3　现状建筑物信息深度等级

属性名称	参数类型	单位/描述/取值范围	信息深度等级			
			N1	N2	N3	N4
建筑物名称	文本		●	●	●	●
建筑物轮廓	二维点数组	{(m,m),(m,m),……}	●	●	●	●
建筑物面积	数值	m^2	●	●	●	●
建筑物室外地坪高程	数值	m	○	●	●	●
建筑物出入口高程	数值	m	○	●	●	●

续表 C.2.0.3

属性名称	参数类型	单位/描述/取值范围	信息深度等级			
			N1	N2	N3	N4
建筑物楼层数	数值	>0	○	●	●	●
建筑物层高	数值	m	○	●	●	●
建筑物结构类型	枚举型	木结构、砖木结构、砖混结构、钢筋混凝土结构、钢结构、索膜结构等	○	●	●	●
建筑物功能	文本		○	●	●	●

表 C.2.0.4 现状构筑物信息深度等级

属性名称	参数类型	单位/描述/取值范围	信息深度等级			
			N1	N2	N3	N4
构筑物名称	文本		●	●	●	●
构筑物轮廓	二维点数组	{(m,m),(m,m),……}	●	●	●	●
构筑物特征点高程	数值	m(条状构筑物为起终点,方形圆形构筑物为顶面对角点)	○	●	●	●
构筑物高度	数值	m	●	●	●	●
构筑物结构类型	枚举型	木结构、砖木结构、砖混结构、钢筋混凝土结构、钢结构、索膜结构等	○	●	●	●
构筑物功能	文本		—	●	●	●
电线走向	二维点数组	{(m,m),(m,m),……}	—	●	●	●
高压线电压	数值	kV	—	●	●	●
高压线最低点垂高	数值	m	—	●	●	●

表 C.2.0.5 现状地面道路信息深度等级

属性名称	参数类型	单位/描述/取值范围	信息深度等级			
			N1	N2	N3	N4
道路名称	文本		●	●	●	●
道路测量点三维坐标	三维点数组	{(m,m,m),(m,m,m),……}	●	●	●	●
道路测量点位置说明	文本	纵向横向特征点	—	●	●	●
道路等级	枚举型	快速路、主干路、次干路、支路	●	●	●	●
道路设计车速	数值	km/h	●	●	●	●
横断面布置	文本	单幅、双幅、三幅、四幅路、整体式、分离式	—	●	●	●
红线宽度	数值	m	—	●	●	●
横断面宽度组成	文本	如人行道 3m ＋机动车道 7m×2＋人行道 3m	—	—	○	●
道路最小净高	数值	m	—	—	○	●
公路用地保护限界	文本	m	—	—	○	●
路面类型	文本	沥青混凝土路面、水泥混凝土路面、砌块路面等	—	—	○	●

表 C.2.0.6 现状桥梁信息深度等级

属性名称	参数类型	单位/描述/取值范围	信息深度等级			
			N1	N2	N3	N4
桥梁名称	文本		●	●	●	●
桥型	枚举型	梁式桥、拱桥、斜拉桥、悬索桥	●	●	●	●
桥梁设计安全等级	枚举型	一级、二级、三级、四级	○	●	●	●
桥梁测量点三维坐标	三维点数组	{(m,m,m),(m,m,m),……}	○	●	●	●
桥梁测量点位置说明	文本	纵向横向特征点	○	●	●	●
桥梁斜交角度	数值	°	○	●	●	●
桥梁断面尺寸	数值	m	○	●	●	●
桥梁梁底标高	数值	m	○	●	●	●
桥墩位置	二维点	(m,m)	●	●	●	●
桥墩尺寸	数值	长(m)×宽(m)	●	●	●	●
桥跨信息	数值	如 6×30m ＋4×28m	○	●	●	●
桥下净空	数值	m	●	●	●	●

表 C.2.0.7 现状隧道信息深度等级

属性名称	参数类型	单位/描述/取值范围	信息深度等级			
			N1	N2	N3	N4
隧道名称	文本		●	●	●	●
隧道长度	数值	m	●	●	●	●
隧道断面尺寸	数值	宽(m)×高(m)	●	●	●	●
隧道结构顶高程	数值	m	○	●	●	●
隧道结构底高程	数值	m	○	●	●	●
隧道平纵线形	数据表	存储隧道平纵线形的表格	○	●	●	●
隧道路面高程	数值	m	○	●	●	●
隧道测量点三维坐标	三维点数组	{(m,m,m),(m,m,m),……}	○	●	●	●
隧道门洞形式	枚举型	圆形、多心拱形、马蹄形、椭圆形、门形	○	●	●	●
衬砌结构构造	文本	如锚喷支护、混凝土衬砌	—	●	●	●
隧道实施工艺	枚举型		—	●	●	●

表 C.2.0.8 现状轨道信息深度等级

属性名称	参数类型	单位/描述/取值范围	信息深度等级			
			N1	N2	N3	N4
轨道名称	文本		●	●	●	●
轨道长度	数值	m	●	●	●	●
轨道断面尺寸	数值	宽(m)×高(m)	○	●	●	●
轨道结构顶高程	数值	m	○	●	●	●
轨道结构底高程	数值	m	○	●	●	●
轨道平纵线形	数据表	存储轨道平纵线形的表格	○	●	●	●
轨道轨面高程	数值	m	○	●	●	●
轨道测量点三维坐标	三维点数组	{(m,m,m),(m,m,m),……}	○	●	●	●
轨道门洞形式	枚举型	圆形、多心拱形、马蹄形、椭圆形、门形	○	●	●	●
轨道主体结构材料	文本	如锚喷支护、混凝土衬砌	○	●	●	●
轨道实施工艺	枚举型		○	●	●	●

表 C.2.0.9 现状管杆线信息深度等级

属性名称	参数类型	单位/描述/取值范围	信息深度等级			
			N1	N2	N3	N4
管线名称	文本		●	●	●	●
管线功能	文本		●	●	●	●
管线位置	二维坐标	(m,m)	●	●	●	●
管线埋深	数值	m	●	●	●	●
雨水管道底标高	高程	m	○	●	●	●
管线架空高度	数值	m	○	●	●	●
管线管径	数值	mm	○	●	●	●
管线孔数	整数	>0	—	●	●	●
管线材质	文本	铜、铁、钢、PVC、PE	○	●	●	●
供热管道工作介质	枚举型	水、蒸汽	—	●	●	●
管道压力等级	枚举型	低压、中压、高压、超高压	—	●	●	●
管井编号	文本		—	●	●	●
管井类别	枚举型	供水井、排水井、回灌井	—	●	●	●
管井位置	二维坐标	(m,m)	—	●	●	●
管井尺寸	数值	长(m)×宽(m)	—	●	●	●
杆线名称	文本		—	●	●	●
杆线编号	文本		—	●	●	●
杆线坐标	二维坐标	(m,m)	—	●	●	●

表 C.2.0.10 现状地铁站信息深度等级

属性名称	参数类型	单位/描述/取值范围	信息深度等级			
			N1	N2	N3	N4
轨道线路名称	文本		●	●	●	●
衬砌结构构造	文本	(锚喷支护、混凝土衬砌……)	○	●	●	●
衬砌断面尺寸	数值	宽(m)×高(m)	○	●	●	●
建筑限界	数值	宽(m)×高(m)	●	●	●	●
结构物保护距离	数值	m	—	●	●	●
地铁站外轮廓	二维点数组	{(m,m),(m,m),……}	—	●	●	●
地铁站埋深	数值	m	●	●	●	●
地铁站顶标高	数值	m	○	●	●	●
地铁站底标高	数值	m	○	●	●	●
站点类型	文本	(中间站、终点站、枢纽站、联运站)	—	●	●	●

表 C.2.0.11 现状河道(湖泊)信息深度等级

属性名称	参数类型	单位/描述/取值范围	信息深度等级			
			N1	N2	N3	N4
河道(湖泊)名称	文本		●	●	●	●
河道(湖泊)类型	文本		●	●	●	●
河道(湖泊)边界	二维点数组	{(m,m),(m,m),……}	●	●	●	●
河道断面尺寸	数值	m	○	●	●	●
河道(湖泊)面积	数值	m^2	○	●	●	●
河道(湖泊)底标高	数值	m	○	●	●	●
航道等级	枚举型	一级、二级……七级	—	●	●	●
河道(湖泊)水质	文本		—	—	●	●
河道护砌类型	文本		—	—	●	●

表 C.2.0.12 现状铁路信息深度等级

属性名称	参数类型	单位/描述/取值范围	信息深度等级			
			N1	N2	N3	N4
铁路名称	文本		●	●	●	●
线路用途	枚举型	客运专线、城际铁路、客货运铁路……	●	●	●	●
铁路性质	枚举型	国家铁路、地方铁路、专用铁路、铁路专业线	○	●	●	●
铁路等级	枚举型	高速铁路，城际铁路，国铁Ⅰ、Ⅱ、Ⅲ、Ⅳ级	○	●	●	●
线路类型	枚举型	单线铁路、双线铁路	○	●	●	●
铁路管理部门	文本	××铁路局	○	●	●	●
铁路线路轨顶高程	数值	m	—	●	●	●
建筑限界	文本	m	—	—	●	●
铁路用地限界	数值	m	—	—	●	●
铁路线形	数据表		●	●	●	●

表 C.2.0.13 现状文物信息深度等级

属性名称	参数类型	单位/描述/取值范围	信息深度等级			
			N1	N2	N3	N4
文物名称	文本		●	●	●	●
文物等级	枚举型	一级、二级、三级	●	●	●	●
文物位置	二维坐标	(m,m)	●	●	●	●
文物保护范围	二维点数组	{(m,m),(m,m),……}	●	●	●	●

表 C.2.0.14　现状林木信息深度等级

属性名称	参数类型	单位/描述/取值范围	信息深度等级			
			N1	N2	N3	N4
林木种类	文本		—	●	●	●
林木范围边线	二维点数组	{(m,m),(m,m),……}	—	●	●	●
林木面积	数值	m^2	—	●	●	●

表 C.2.0.15　现状农田信息深度等级

属性名称	参数类型	单位/描述/取值范围	信息深度等级			
			N1	N2	N3	N4
农田编号	文本		—	●	●	●
农田范围边线	二维点数组	{(m,m),(m,m),……}	—	●	●	●
农田面积	数值	m^2	—	●	●	●

表 C.2.0.16　现状村落信息深度等级

属性名称	参数类型	单位/描述/取值范围	信息深度等级			
			N1	N2	N3	N4
村落位置	二维点数组	{(m,m),(m,m),……}	—	●	●	●
村落面积	数值	m^2	—	●	●	●
人口规模	文本		—	●	●	●

C.3 规划信息深度等级

表 C.3.0.1 规划地面道路信息深度等级

属性名称	参数类型	单位/描述/取值范围	信息深度等级			
			N1	N2	N3	N4
道路名称	文本		●	●	●	●
道路等级	枚举型	快速路、主干路、次干路、支路	●	●	●	●
设计车速	数值	km/h	—	●	●	●
道路中心线平曲线表	数据表		—	●	●	●
道路中心线纵曲线表	数据表		—	●	●	●
红线宽度	数值	m	●	●	●	●
机动车道路面宽度	数值	m	—	●	●	●
非机动车道路面宽度	数值	m	—	●	●	●
人行道路面宽度	数值	m	—	●	●	●
绿化带宽度	数值	m	—	●	●	●
中央分隔带宽度	数值	m	—	●	●	●
机非分隔带宽度	数值	m	—	●	●	●
规划红线位置	二维点数组	{(m,m),(m,m),……}	●	●	●	●
规划绿线位置	二维点数组	{(m,m),(m,m),……}	●	●	●	●

表 C.3.0.2 规划地形信息深度等级

属性名称	参数类型	单位/描述/取值范围	信息深度等级			
			N1	N2	N3	N4
控制点编号	文本		○	●	●	●
控制点标高	数值	m	●	●	●	●
控制点坐标	三维坐标	(m,m,m)	—	●	●	●
控制点性质	文本		○	●	●	●

表 C.3.0.3 规划隧道信息深度等级

属性名称	参数类型	单位/描述/取值范围	信息深度等级			
			N1	N2	N3	N4
隧道名称	文本		●	●	●	●
隧道中心线平曲线表	数据表		—	●	●	●
隧道中心线纵曲线表	数据表		—	●	●	●
隧道外轮廓高	数值	m	—	●	●	●
隧道外轮廓宽	数值	m	—	●	●	●
实施工艺	文本		—	—	●	●

表 C.3.0.4 规划桥梁信息深度等级

属性名称	参数类型	单位/描述/取值范围	信息深度等级			
			N1	N2	N3	N4
桥梁名称	文本		●	●	●	●
桥梁中心线平曲线表	数据表		—	●	●	●
桥梁中心线纵曲线表	数据表		—	●	●	●
桥梁外轮廓高	数值	m	●	●	●	●
桥梁外轮廓宽	数值	m	●	●	●	●

表 C.3.0.5 规划综合管廊信息深度等级

属性名称	参数类型	单位/描述/取值范围	信息深度等级			
			N1	N2	N3	N4
综合管廊所在道路	文本		●	●	●	●
综合管廊名称	文本		●	●	●	●
综合管廊中心线平面线表	数据表		—	●	●	●
综合管廊中心线纵曲线表	数据表		—	●	●	●
综合管廊外轮廓高	数值	mm	●	●	●	●
综合管廊外轮廓宽	数值	mm	●	●	●	●
实施工艺	文本		—	—	●	●

表 C.3.0.6 规划轨道交通信息深度等级

属性名称	参数类型	单位/描述/取值范围	信息深度等级			
			N1	N2	N3	N4
规划轨道交通名称	文本		●	●	●	●
中心线平曲线表	数据表		—	●	●	●
中心线纵曲线表	数据表		—	●	●	●
规划用地范围	二维点数组	{(m,m),(m,m),……}	○	●	●	●
保护范围	二维点数组	{(m,m),(m,m),……}	—	●	●	●

表 C.3.0.7 规划给水工程信息深度等级

属性名称	参数类型	单位/描述/取值范围	信息深度等级			
			N1	N2	N3	N4
给水厂名称	文本		—	●	●	●
给水厂位置	二维坐标	(m,m)	●	●	●	●
给水厂给水规模	数值	m^3/d	—	●	●	●
给水泵站编号	文本		—	●	●	●
给水泵站位置	二维坐标	(m,m)	—	●	●	●
给水管道编号	文本		—	●	●	●
给水管道位置	二维点数组	{(m,m),(m,m),……}	●	●	●	●
给水管道管径	数值	mm	○	●	●	●
给水管道埋深	数值	m	○	●	●	●
给水管道压力等级	枚举型	低压、中压、高压、超高压	—	●	●	●

表 C.3.0.8 规划污水工程信息深度等级

属性名称	参数类型	单位/描述/取值范围	信息深度等级			
			N1	N2	N3	N4
污水厂名称	文本		—	●	●	●
污水厂位置	二维坐标	(m,m)	●	●	●	●
污水厂处理规模	数值	m^3/d	—	●	●	●
污水泵站编号	文本		—	●	●	●
污水泵站位置	二维坐标	(m,m)	●	●	●	●
污水管道编号	文本		—	●	●	●
污水管道位置	二维点数组	{(m,m),(m,m),……}	●	●	●	●
污水管道管径	数值	mm	○	●	●	●
污水管道埋深	数值	m	○	●	●	●

表 C.3.0.9 规划雨水工程信息深度等级

属性名称	参数类型	单位/描述/取值范围	信息深度等级			
			N1	N2	N3	N4
雨水泵站编号	文本		—	●	●	●
雨水泵站位置	二维坐标	(m,m)	●	●	●	●
雨水管道编号	文本		—	●	●	●
雨水管道位置	二维点数组	{(m,m),(m,m),……}	●	●	●	●
雨水管道管径	数值	mm	○	●	●	●
雨水管道埋深	数值	m	○	●	●	●

表 C.3.0.10 规划用地信息深度等级

属性名称	参数类型	单位/描述/取值范围	信息深度等级			
			N1	N2	N3	N4
用地编号	文本		—	●	●	●
用地边界	二维点数组	{(m,m),(m,m),……}	●	●	●	●
用地性质	文本		●	●	●	●
用地面积	数值	m^2	—	●	●	●

表 C.3.0.11 规划水系信息深度等级

属性名称	参数类型	单位/描述/取值范围	信息深度等级			
			N1	N2	N3	N4
水系名称	文本		—	●	●	●
水系位置	二维坐标	(m,m)	●	●	●	●
规划河道蓝线宽度	数值	m	●	●	●	●
规划河道蓝线位置	二维点数组	{(m,m),(m,m),……}	●	●	●	●
河床断面尺寸	数值	m	○	●	●	●
通航净高	数值	m	●	●	●	●
航道等级	枚举型	Ⅰ级、Ⅱ级……Ⅶ级	○	●	●	●
航道宽度	数值	m	○	●	●	●
规划航迹线	几何线		—	●	●	●
最高通航水位	数值	m	—	●	●	●
最低通航水位	数值	m	—	●	●	●
水系常水位	数值	m	—	●	●	●
水系洪水位	数值	m	—	●	●	●
规划河道两侧绿地宽度	数值	m	○	●	●	●
防汛通道宽度	数值	m	○	●	●	●
水系深度	数值	m	—	●	●	●
水系流量	数值	m^3/d	—	●	●	●

表 C.3.0.12 规划防汛工程信息深度等级

属性名称	参数类型	单位/描述/取值范围	信息深度等级			
			N1	N2	N3	N4
截洪沟名称	文本		○	●	●	●
截洪沟位置	二维点数组	{(m,m),(m,m),……}	●	●	●	●
截洪沟宽度	数值	m	●	●	●	●
截洪沟深度	数值	m	○	●	●	●
防汛堤编号	文本		—	●	●	●
防汛堤位置	二维坐标	(m,m)	●	●	●	●
防汛堤宽度	数值	m	●	●	●	●
防汛堤标高	数值	m	○	●	●	●
防汛堤净空	数值	m	○	●	●	●

表 C.3.0.13 规划电力工程信息深度等级

属性名称	参数类型	单位/描述/取值范围	信息深度等级			
			N1	N2	N3	N4
电压等级	枚举型	220V,380V,6.3kV,10kV,35kV,110kV,220kV,330kV,500kV,1000kV	●	●	●	●
变电站名称	文本		●	●	●	●
变电站坐标	二维坐标	(m,m)	●	●	●	●
变电站占地面积	数值	m^2	—	●	●	●
高压铁塔编号	文本		—	●	●	●
高压铁塔位置	二维坐标	(m,m)	●	●	●	●
高压电线编号	文本		—	●	●	●
高压电线位置	二维点数组	{(m,m),(m,m),……}	●	●	●	●
电线杆编号	文本		—	●	●	●
电线杆位置	二维坐标	(m,m)	○	●	●	●
电线编号	文本		—	●	●	●
电线位置	二维点数组	{(m,m),(m,m),……}	○	●	●	●

表 C.3.0.14　规划通信工程信息深度等级

属性名称	参数类型	单位/描述/取值范围	信息深度等级			
			N1	N2	N3	N4
通信基站编号	文本		—	●	●	●
通信基站坐标	二维坐标	(m,m)	●	●	●	●
通信管线编号	文本		—	●	●	●
通信管线位置	二维点数组	{(m,m),(m,m),……}	●	●	●	●
通信管线管径	数值	mm	○	●	●	●
通信管线埋深	数值	m	○	●	●	●

表 C.3.0.15　规划燃气工程信息深度等级

属性名称	参数类型	单位/描述/取值范围	信息深度等级			
			N1	N2	N3	N4
燃气管道编号	文本		—	●	●	●
燃气管道位置	二维点数组	{(m,m),(m,m),……}	●	●	●	●
燃气管道管径	数值	mm	○	●	●	●
燃气管道埋深	数值	m	○	●	●	●
燃气管道保护范围	二维点数组	{(m,m),(m,m),……}	○	●	●	●
燃气管道压力等级	枚举型	高压燃气管道、次高压燃气管道、中压燃气管道、低压燃气管道	—	●	●	●

表 C.3.0.16　规划热力管线信息深度等级

属性名称	参数类型	单位/描述/取值范围	信息深度等级			
			N1	N2	N3	N4
热力管道编号	文本		—	●	●	●
热力管道位置	二维点数组	{(m,m),(m,m),……}	●	●	●	●
热力管道管径	数值	mm	○	●	●	●
热力管道埋深	数值	m	○	●	●	●
热力管道输送介质	枚举型	热水-水蒸气	—	●	●	●

C.4 设计信息深度等级

C.4.1 设计通用属性信息深度等级

表 C.4.1.1 设计通用属性信息深度等级

属性组	属性名称	参数类型	单位/描述/取值范围	信息深度等级			
				N1	N2	N3	N4
钢筋	牌号	枚举型	HPB300,HRB335,HRB400,HRB500,HRBF335,HRBF400,HRBF500,RRB400	—	●	●	●
	截面形式	枚举型	如光圆、带肋钢筋、扭转钢筋等	—	●	●	●
	数值	数值	cm	—	●	●	●
	直径	数值	mm	—	●	●	●
	弹性模量	数值	kN/m^2	—	●	●	●
	重度	数值	kN/m^3	—	●	●	●
	重量	数值	kg	—	●	●	●
	连接方式	枚举型	绑扎、焊接、机械连接	—	●	●	●
钢材	屈服强度	枚举型	如 Q235、Q345、Q390、Q420 等	—	●	●	●
	截面形式	枚举型	如钢板、工字钢、H 型钢、C 型钢、U 型钢等	—	●	●	●
	数值	数值	cm	—	●	●	●
	重量	数值	kg	—	●	●	●
锚杆、土钉	型号	枚举型	岩石锚杆、土层锚杆;钻孔注浆型土钉、打入型土钉等	—	●	●	●
	直径	数值	m	—	●	●	●
	数值	数值	m	—	●	●	●
	间距	数值	m	—	●	●	●

续表 C.4.1.1

属性组	属性名称	参数类型	单位/描述/取值范围	信息深度等级			
				N1	N2	N3	N4
钢筋网片	钢筋牌号	枚举型	如 HPB300、HRB335、HRB400 等	—	●	●	●
	钢筋直径	数值	mm	—	●	●	●
	网孔间距	数值	mm	—	●	●	●
	网片数值	数值		—	●	●	●
	网片宽度	数值	mm	—	●	●	●
混凝土	强度等级	枚举型	如 C30、C40、C50、C60、C70、C80 等	—	●	●	●
	弹性模量	数值	N/mm^2	—	●	●	●
	抗渗等级	枚举型	P4、P6、P8、P10、P12	—	●	●	●
	体积	数值	m^3	—	●	●	●
	搅拌方式	枚举型	商品混凝土、机械拌合、人工拌合	—	●	●	●
	浇筑方式	枚举型	现浇、预制	—	●	●	●
钢筋混凝土、型钢混凝土、钢管混凝土	混凝土等级	枚举型	如 C30、C40、C50、C60、C70、C80 等	—	●	●	●
	弹性模量	数值	N/mm^2	—	●	●	●
	混凝土重度	数值	kN/m^3	—	●	●	●
	混凝土方量	数值	m^3	—	●	●	●
	钢筋牌号	枚举型	如 HPB300、HPB335、HPB400 等	—	●	●	●
	钢筋截面形式	枚举型	如光圆、带肋钢筋、扭转钢筋等	—	●	●	●
	钢筋直径	数值	mm	—	●	●	●
	钢筋间距	数值	mm	—	●	●	●
	型钢型号	枚举型	H 型、工字型等，或热轧、冷弯	—	●	●	●
	钢管型号	枚举型	无缝钢管、螺旋焊缝钢管、钢板卷焊管等	—	●	●	●
	结构形式	枚举型	如钢筋混凝土、组合结构、混合结构等	—	●	●	●
	截面形式	枚举型	如矩形、圆形、T 形等	—	●	●	●

续表 C.4.1.1

属性组	属性名称	参数类型	单位/描述/取值范围	信息深度等级			
				N1	N2	N3	N4
预应力	钢筋类型	枚举型	如中强度预应钢丝(光面，螺旋肋)、预应螺纹钢筋、消除应力钢丝、钢绞线等	—	●	●	●
	钢筋强度标准值	枚举型	N/mm^2	—	●	●	●
	混凝土强度标准值	枚举型	N/mm^2	—	●	●	●
	预应力钢筋面积	数值	mm^2	—	●	●	●
	弹性模量	数值	N/mm^2	—	●	●	●
	超张拉系数	数值		—	●	●	●
	张拉方式	枚举型	单端张拉、两端张拉	—	●	●	●
	张拉方法	枚举型	无预应力、先张法、后张法	—	●	●	●
	粘结类型	枚举型	有粘结、无粘结	—	●	●	●
	预应力类型	枚举型	全预应力、A类预应力、B类预应力	—	●	●	●
	预应力锚固类型	枚举型	支承锚固、楔紧锚固、握裹锚固和组合锚固	—	●	●	●
砌体	混凝土砌块强度等级	枚举型	如C15、C20、C25、C30等	—	●	●	●
	石砌块强度等级	枚举型	如MU30、MU40、MU50等	—	●	●	●
	砂浆强度	枚举型	如M5、M7.5、M10等	—	●	●	●
坡面防护	防护类型	枚举型	如喷护、抹面、植物防护等	—	●	●	●
	起点桩号	数值	如K0+000m	—	●	●	●
	终点桩号	数值	如K1+000m	—	●	●	●
	防护高度	数值	m	—	●	●	●
	防护数值	数值	m	—	●	●	●
	防护坡度	数值	%	—	●	●	●
	岩土类型	枚举型	如岩石、碎石土、砂土、粉土、黏性土和人工填土等	—	●	●	●
	使用年限	枚举型	如5年、10年、20年等	—	●	●	●

C.4.2 建筑专业信息深度等级

表 C.4.2.1 建筑专业主体功能级信息深度等级

属性名称	参数类型	单位/描述/取值范围	信息深度等级			
			N1	N2	N3	N4
耐火等级	枚举型	一级、二级、三级、四级	○	●	●	●
防水等级	枚举型	一级、二级、三级、四级	○	●	●	●
防淹高度	数值	m	○	●	●	●
隧道主线道路限界宽度	数值	mm	○	●	●	●
隧道主线道路限界高度	数值	mm	○	●	●	●
隧道主线路侧安全净距	数值	mm	○	●	●	●
检修带宽度	数值	mm	○	●	●	●
检修带净高	数值	mm	○	●	●	●
匝道道路限界宽度	数值	mm	○	●	●	●
匝道道路限界高度	数值	mm	○	●	●	●
匝道路侧安全净距	数值	mm	○	●	●	●
路面横坡	数值	%	○	●	●	●
隧道主线峒口分界里程	文本	m	○	●	●	●
匝道峒口分界里程	文本	m	○	●	●	●
连通口定位(中心里程)	文本	m	○	●	●	●
建筑限界上部设备空间高度	数值	mm	—	○	●	●
隧道主线建筑限界外侧设备空间宽度	数值	mm	—	○	●	●
匝道建筑限界外侧设备空间宽度	数值	mm	—	○	●	●
隧道主线敞开段结构内径宽度	数值	mm	—	●	●	●
隧道主线暗埋段结构内径宽度	数值	mm	—	●	●	●
隧道主线暗埋段结构内径高度	数值	mm	—	●	●	●
匝道敞开段结构内径宽度	数值	mm	—	●	●	●
匝道暗埋段结构内径宽度	数值	mm	—	●	●	●
匝道暗埋段结构内径高度	数值	mm	—	●	●	●
连通口结构内径宽度	数值	mm	—	●	●	●
连通口结构内径高度	数值	mm	—	●	●	●
连通口数值	数值	mm	—	●	●	●

表 C.4.2.2 建筑专业主要构件信息深度等级

构件	属性名称	参数类型	单位/描述/取值范围	信息深度等级			
				N1	N2	N3	N4
板开洞	板开洞定位	坐标	(mm,mm,mm,°)	—	—	●	●
	板洞内径宽度	数值	mm	—	—	●	●
	板洞内径数值	数值	mm	—	—	●	●
墙开洞	墙体开洞定位	坐标	(mm,mm,mm,°)	—	—	●	●
	墙洞内径宽度	数值	mm	—	—	●	●
	墙洞内径高度	数值	mm	—	—	●	●
防火门	规格	文本		—	●	●	●
	位置	坐标	(mm,mm,mm,°)	—	●	●	●
	高度	数值	mm	—	●	●	●
	宽度	数值	mm	—	●	●	●
	材质	文本		—	—	●	●
防火卷帘	规格	文本		—	●	●	●
	位置	坐标	(mm,mm,mm,°)	—	●	●	●
	高度	数值	mm	—	●	●	●
	宽度	数值	mm	—	●	●	●
	材质	文本		—	—	●	●
侧墙装饰材料	材质	文本		—	—	●	●
	位置	坐标	(mm,mm,mm,°)	—	—	●	●
	高度	数值	mm	—	—	●	●
	宽度	数值	mm	—	—	●	●
顶部防火内衬	材质	文本		—	—	●	●
	位置	坐标	(mm,mm,mm,°)	—	—	●	●
	高度	数值	mm	—	—	●	●
	宽度	数值	mm	—	—	●	●

表 C.4.2.3 建筑专业附属工程功能级信息深度等级

属性名称	参数类型	单位/描述/取值范围	信息深度等级			
			N1	N2	N3	N4
建筑物名称	文本		○	●	●	●
结构类型	枚举型	砖木结构、砖混结构、钢筋混凝土结构、钢结构等	○	●	●	●
建筑物功能	文本		○	●	●	●
内轮廓坐标	坐标	坐标组{(m,m),(m,m),……}	○	●	●	●
征地面积角点坐标	坐标	坐标组{(m,m),(m,m),……}	○	●	●	●
建筑物面积	数值	m^2	○	●	●	●
建筑层数	数值	>0	○	●	●	●
建筑层高	数值	m	○	●	●	●
建筑内径宽度	数值	mm	○	●	●	●
建筑内径长度	数值	mm	○	●	●	●
建筑内径高度	数值	mm	○	●	●	●

表 C.4.2.4 建筑专业附属工程构件信息深度等级

构件	属性名称	参数类型	单位/描述/取值范围	信息深度等级			
				N1	N2	N3	N4
墙	名称	文本		—	●	●	●
	厚度	数值	mm	—	●	●	●
	位置	坐标	(mm,mm,mm,°)	—	●	●	●
	高	数值	mm	—	●	●	●
	长	数值	mm	—	●	●	●
	材质	文本		—	—	●	●

续表 C.4.2.4

构件	属性名称	参数类型	单位/描述/取值范围	信息深度等级			
				N1	N2	N3	N4
板	名称	文本		—	●	●	●
	厚度	数值	mm	—	●	●	●
	位置	坐标	(mm,mm,mm,°)	—	●	●	●
	坡度	数值	%	—	●	●	●
	坡度方向	数值	°	—	●	●	●
	长	数值	mm	—	●	●	●
	宽	数值	mm	—	●	●	●
	材质	文本		—	—	●	●
柱	名称	文本		—	●	●	●
	柱截面高	数值	mm	—	●	●	●
	柱截面宽	数值	mm	—	●	●	●
	位置	坐标	(mm,mm,mm,°)	—	●	●	●
	高度	数值	mm	—	●	●	●
	材质	文本		—	—	●	●
板开洞	板开洞定位	坐标	(mm,mm,mm,°)	—	—	●	●
	板洞内径宽度	数值	mm	—	—	●	●
	板洞内径数值	数值	mm	—	—	●	●
墙开洞	墙体开洞定位	坐标	(mm,mm,mm,°)	—	—	●	●
	墙洞内径宽度	数值	mm	—	—	●	●
	墙洞内径高度	数值	mm	—	—	●	●
门	规格	文本		—	●	●	●
	位置	坐标	(mm,mm,mm,°)	—	●	●	●
	高度	数值	mm	—	●	●	●
	宽度	数值	mm	—	●	●	●
	材质	文本		—	—	●	●

续表 C.4.2.4

构件	属性名称	参数类型	单位/描述/取值范围	信息深度等级			
				N1	N2	N3	N4
窗	规格	文本		—	●	●	●
	位置	坐标	(mm,mm,mm,°)	—	●	●	●
	高度	数值	mm	—	●	●	●
	宽度	数值	mm	—	●	●	●
	材质	文本		—	—	●	●
坡道	材质	文本		—	—	●	●
	位置	坐标	(mm,mm,mm,°)	—	●	●	●
	高度	数值	mm	—	●	●	●
	宽度	数值	mm	—	●	●	●
	坡度	数值	%	—	●	●	●
台阶	材质	文本		—	●	●	●
	位置	坐标	(mm,mm,mm,°)	—	●	●	●
	高度	数值	mm	—	●	●	●
	宽度	数值	mm	—	●	●	●
	踏步宽	数值	mm	—	●	●	●
	踏步高	数值	mm	—	●	●	●
散水	材质	文本		—	●	●	●
	位置	坐标	(mm,mm,mm,°)	—	●	●	●
	高度	数值	mm	—	●	●	●
	宽度	数值	mm	—	●	●	●
	坡度	数值	%	—	●	●	●
护栏	材质	文本		—	●	●	●
	位置	坐标	(mm,mm,mm,°)	—	●	●	●
	高度	数值	mm	—	●	●	●
	宽度	数值	mm	—	●	●	●
	栏杆间距	数值	mm	—	●	●	●
	扶手截面尺寸	数值	mm	—	●	●	●

C.4.3 结构专业信息深度等级

表 C.4.3.1 结构功能级信息深度等级

属性名称	参数类型	单位/描述/取值范围	信息深度等级			
			N1	N2	N3	N4
结构安全等级	枚举型	一级、二级、三级	—	●	●	●
设计基准期	枚举型	5 年、25 年、50 年、100 年	—	●	●	●
抗震等级	枚举型	一级、二级、三级、四级	—	●	●	●
设计荷载	枚举型	城－A、城－B	—	●	●	●
裂缝宽度	数值	mm	—	●	●	●
挠度	数值	mm	—	●	●	●
防水等级	枚举型	一级、二级、三级、四级	—	●	●	●
耐火等级	枚举型	一级、二级、三级、四级	—	●	●	●
主体结构施工方法	文本		—	●	●	●
结构外包宽度	数值	mm	—	●	●	●
结构外包高度	数值	mm	—	●	●	●
结构内净空高度	数值	mm	—	●	●	●
结构内净空宽度	数值	mm	—	●	●	●

表 C.4.3.2　结构主要通用构件信息深度等级

构件	属性名称	参数类型	单位/描述/取值范围	信息深度等级			
				N1	N2	N3	N4
车道板	名称	文本		—	●	●	●
	位置	坐标	(mm,mm,mm,°)	—	●	●	●
	厚度	数值	mm	—	●	●	●
	宽度	数值	mm	—	●	●	●
	数值	数值	mm	—	●	●	●
	标高	数值	m	—	●	●	●
	材料	文本		—	●	●	●
	坡度	数值	%	—	●	●	●
烟道板	名称	文本		—	●	●	●
	位置	坐标	(mm,mm,mm,°)	—	●	●	●
	厚度	数值	mm	—	●	●	●
	宽度	数值	mm	—	●	●	●
	数值	数值	mm	—	●	●	●
	标高	数值	m	—	●	●	●
	材料	文本		—	●	●	●
	坡度	数值	%	—	●	●	●
结构板	名称	文本		—	●	●	●
	位置	坐标	(mm,mm,mm,°)	—	●	●	●
	厚度	数值	mm	—	●	●	●
牛腿	宽度	数值	mm	—	●	●	●
	数值	数值	mm	—	●	●	●
	标高	数值	m	—	●	●	●
	材料	文本		—	●	●	●

续表 C.4.3.2

构件	属性名称	参数类型	单位/描述/取值范围	信息深度等级			
				N1	N2	N3	N4
墙	名称	文本		—	●	●	●
	位置	坐标	(mm,mm,mm,°)	—	●	●	●
	厚度	数值	mm	—	●	●	●
	宽度	数值	mm	—	●	●	●
	数值	数值	mm	—	●	●	●
	标高	数值	m	—	●	●	●
	材料	文本		—	●	●	●
梁	名称	文本		—	●	●	●
	截面宽	数值	mm	—	●	●	●
	截面高	数值	mm	—	●	●	●
	梁长	数值	mm	—	●	●	●
	位置	坐标	(mm,mm,mm,°)	—	●	●	●
	标高	数值	m	—	●	●	●
	材料	文本		—	●	●	●
柱	名称	文本		—	●	●	●
	截面宽	数值	mm	—	●	●	●
	截面高	数值	mm	—	●	●	●
	柱长	数值	mm	—	●	●	●
	位置	坐标	(mm,mm,mm,°)	—	●	●	●
	标高	数值	m	—	●	●	●
	材料	文本		—	●	●	●

续表 C.4.3.2

构件	属性名称	参数类型	单位/描述/取值范围	信息深度等级			
				N1	N2	N3	N4
楼梯	名称	文本		—	●	●	●
	长	数值	mm	—	●	●	●
	宽	数值	mm	—	●	●	●
	高	数值	mm	—	●	●	●
	厚	数值	mm	—	●	●	●
	位置	坐标	(mm,mm,mm,°)	—	●	●	●
	标高	数值	m	—	●	●	●
	坡度	数值	%	—	●	●	●
	踏步宽	数值	mm	—	●	●	●
	踏步高	数值	mm	—	●	●	●
预留孔洞	名称	文本		—	○	●	●
	长(或直径)	数值	mm	—	○	●	●
	宽(或直径)	数值	mm	—	○	●	●
	坐标	数值	m	—	○	●	●
设备箱孔	名称	文本		—	○	●	●
	深度	数值	mm	—	○	●	●
	宽	数值	mm	—	○	●	●
	高	数值	mm	—	○	●	●
	位置	坐标	(mm,mm,mm,°)	—	○	●	●
	标高	数值	m	—	○	●	●

表 C.4.3.3　结构次要通用构件信息深度等级

构件	属性名称	参数类型	单位/描述/取值范围	信息深度等级			
				N1	N2	N3	N4
倒角	名称	文本		—	—	●	●
	长	数值	mm	—	—	●	●
	宽	数值	mm	—	—	●	●
	高	数值	mm	—	—	●	●
	位置	坐标	(mm,mm,mm,°)	—	—	●	●
	标高	数值	m	—	—	●	●
	材料	文本		—	—	●	●
找坡层	名称	文本		—	—	●	●
	长	数值	mm	—	—	●	●
	宽	数值	mm	—	—	●	●
	厚	数值	mm	—	—	●	●
	位置	坐标	(mm,mm,mm,°)	—	—	●	●
	标高	数值	m	—	—	●	●
	坡度	数值	%	—	—	●	●
	材料	文本		—	—	●	●
预埋件	名称	文本		—	—	○	●
	关键尺寸	数值	mm	—	—	○	●
	材料	文本		—	—	○	●
	关键参数	数值		—	—	○	●
	施工方法	文本		—	—	○	●
其他组件	名称	文本		—	—	○	●
	关键尺寸	数值	mm	—	—	○	●
	材料	文本		—	—	○	●
	关键参数	数值		—	—	○	●
	施工方法	文本		—	—	○	●

表 C.4.3.4 盾构段专有构件信息深度等级

构件	属性名称	参数类型	单位/描述/取值范围	信息深度等级			
				N1	N2	N3	N4
衬砌圆环	名称	文本		—	●	●	●
	标高	数值	m	—	●	●	●
	位置	坐标	(mm,mm,mm,°)	—	●	●	●
	坡度	数值	%	—	●	●	●
	角度	数值	度	—	●	●	●
	半径	数值	mm	—	●	●	●
	环宽	数值	mm	—	●	●	●
	厚度	数值	mm	—	●	●	●
	楔形量	数值	mm	—	●	●	●
	材料	文本		—	●	●	●
管片分块	名称	文本		—	●	●	●
	角度	数值	°	—	●	●	●
	弧长	数值	mm	—	●	●	●
	弦长	数值	mm	—	●	●	●
	厚度	数值	mm	—	●	●	●
	宽度	数值	mm	—	●	●	●
	内凹	数值	mm	—	●	●	●
	材料	文本		—	●	●	●
口型件	名称	文本		—	●	●	●
	标高	数值	m	—	●	●	●
	位置	坐标	(mm,mm,mm,°)	—	●	●	●
	长	数值	mm	—	●	●	●
	宽	数值	mm	—	●	●	●
	高	数值	mm	—	●	●	●
	厚度	数值	mm	—	●	●	●
	材料	文本		—	●	●	●
π型件	名称	文本		—	●	●	●
	标高	数值	m	—	●	●	●
	位置	坐标	(mm,mm,mm,°)	—	●	●	●
	长	数值	mm	—	●	●	●
	宽	数值	mm	—	●	●	●
	高	数值	mm	—	●	●	●
	厚度	数值	mm	—	●	●	●
	材料	文本		—	●	●	●

表 C.4.3.5 明挖段围护专有构件信息深度等级

<table>
<tr><th rowspan="2">构件</th><th rowspan="2">属性名称</th><th rowspan="2">参数类型</th><th rowspan="2">单位/描述/取值范围</th><th colspan="4">信息深度等级</th></tr>
<tr><th>N1</th><th>N2</th><th>N3</th><th>N4</th></tr>
<tr><td rowspan="9">围护桩</td><td>名称</td><td>文本</td><td></td><td>—</td><td>○</td><td>●</td><td>●</td></tr>
<tr><td>围护桩类型</td><td>枚举型</td><td>钻孔灌注桩、预制桩、水泥土搅拌桩等</td><td>—</td><td>○</td><td>●</td><td>●</td></tr>
<tr><td>材料</td><td>文本</td><td></td><td>—</td><td>○</td><td>●</td><td>●</td></tr>
<tr><td>施工方法</td><td>枚举型</td><td>泥浆护壁成孔、锤击、静压等</td><td>—</td><td>○</td><td>●</td><td>●</td></tr>
<tr><td>桩径</td><td>数值</td><td>mm</td><td>—</td><td>○</td><td>●</td><td>●</td></tr>
<tr><td>桩长</td><td>数值</td><td>mm</td><td>—</td><td>○</td><td>●</td><td>●</td></tr>
<tr><td>位置</td><td>坐标</td><td>(mm,mm,mm,°)</td><td>—</td><td>○</td><td>●</td><td>●</td></tr>
<tr><td>标高</td><td>数值</td><td>m</td><td>—</td><td>○</td><td>●</td><td>●</td></tr>
<tr><td>开挖深度</td><td>数值</td><td>mm</td><td>—</td><td>○</td><td>●</td><td>●</td></tr>
<tr><td rowspan="10">止水帷幕</td><td>名称</td><td>文本</td><td></td><td>—</td><td>○</td><td>●</td><td>●</td></tr>
<tr><td>类型</td><td>枚举型</td><td>水泥土搅拌桩、高压旋喷、地下连续墙等</td><td>—</td><td>○</td><td>●</td><td>●</td></tr>
<tr><td>材料</td><td>文本</td><td></td><td>—</td><td>○</td><td>●</td><td>●</td></tr>
<tr><td>施工方法</td><td>枚举型</td><td>搅拌桩法、高压旋喷法等</td><td>—</td><td>○</td><td>●</td><td>●</td></tr>
<tr><td>帷幕平面数值</td><td>数值</td><td>mm</td><td>—</td><td>○</td><td>●</td><td>●</td></tr>
<tr><td>帷幕平面宽度</td><td>数值</td><td>mm</td><td>—</td><td>○</td><td>●</td><td>●</td></tr>
<tr><td>帷幕平面深度</td><td>数值</td><td>mm</td><td>—</td><td>○</td><td>●</td><td>●</td></tr>
<tr><td>位置</td><td>坐标</td><td>(mm,mm,mm,°)</td><td>—</td><td>○</td><td>●</td><td>●</td></tr>
<tr><td>标高</td><td>数值</td><td>m</td><td>—</td><td>○</td><td>●</td><td>●</td></tr>
</table>

续表 C.4.3.5

构件	属性名称	参数类型	单位/描述/取值范围	信息深度等级			
				N1	N2	N3	N4
支撑	名称	文本		—	○	●	●
	类型	枚举型	平面支撑、竖向支撑等	—	○	●	●
	材料	文本		—	○	●	●
	施工方法	枚举型	现浇、预制等	—	○	●	●
	长	数值	mm	—	○	●	●
	宽	数值	mm	—	○	●	●
	高	数值	mm	—	○	●	●
	位置	坐标	(mm,mm,mm,°)	—	○	●	●
	标高	数值	m	—	○	●	●
围檩	名称	文本		—	○	●	●
	类型	文本		—	○	●	●
	材料	文本		—	○	●	●
	施工方法	文本		—	○	●	●
	长	数值	mm	—	○	●	●
	宽	数值	mm	—	○	●	●
	高	数值	mm	—	○	●	●
	位置	坐标	(mm,mm,mm,°)	—	○	●	●
	标高	数值	m	—	○	●	●

续表 C.4.3.5

构件	属性名称	参数类型	单位/描述/取值范围	信息深度等级			
				N1	N2	N3	N4
放坡	名称	文本		—	○	●	●
	类型	文本		—	○	●	●
	材料	文本		—	○	●	●
	施工方法	文本		—	○	●	●
	坡长	数值	mm	—	○	●	●
	坡宽	数值	mm	—	○	●	●
	坡高	数值	mm	—	○	●	●
	台阶长	数值	mm	—	○	●	●
	台阶宽	数值	mm	—	○	●	●
	台阶高	数值	mm	—	○	●	●
	位置	坐标	(mm,mm,mm,°)	—	○	●	●
	标高	数值	m	—	○	●	●
	坡度	数值	%	—	○	●	●
基坑	名称	文本		—	○	●	●
	施工方法	枚举型	基坑支护、放坡开挖等	—	○	●	●
	开挖深度	数值	mm	—	○	●	●
	坑底内长	数值	mm	—	○	●	●
	坑底内宽	数值	mm	—	○	●	●
	坑顶内长	数值	mm	—	○	●	●
	坑顶内宽	数值	mm	—	○	●	●
	位置	坐标	(mm,mm,mm,°)	—	○	●	●
	标高	数值	m	—	○	●	●

续表 C.4.3.5

构件	属性名称	参数类型	单位/描述/取值范围	信息深度等级			
				N1	N2	N3	N4
土石方	名称	文本		—	○	●	●
	施工方法	枚举型	开挖、爆破等	—	○	●	●
	开挖深度	数值	mm	—	○	●	●
	体积	数值	m^3	—	○	●	●
	位置	坐标	(mm,mm,mm,°)	—	○	●	●
	标高	数值	m	—	○	●	●
	土质	文本		—	○	●	●
换填	名称	文本		—	○	●	●
	施工方法	枚举型	平碾、振动碾等	—	○	●	●
	换填深度	数值	mm	—	○	●	●
	体积	数值	m^3	—	○	●	●
	位置	坐标	(mm,mm,mm,°)	—	○	●	●
	标高	数值	m	—	○	●	●
	土质	枚举型	砂石、灰土、粉煤灰等	—	○	●	●

表 C.4.3.6 明挖段主体专有构件信息深度等级

构件	属性名称	参数类型	单位/描述/取值范围	信息深度等级			
				N1	N2	N3	N4
板	名称	文本		—	●	●	●
	厚度	数值	mm	—	●	●	●
	标高	数值	m	—	●	●	●
	位置	坐标	(mm,mm,mm,°)	—	●	●	●
	坡度	数值	%	—	●	●	●
	宽	数值	mm	—	●	●	●
	长	数值	mm	—	●	●	●
	材料	文本		—	●	●	●
垫层	名称	文本		—	●	●	●
	长	数值	mm	—	●	●	●
	宽	数值	mm	—	●	●	●
	厚	数值	mm	—	●	●	●
	位置	坐标	(mm,mm,mm,°)	—	●	●	●
	标高	数值	m	—	●	●	●
	坡度	数值	%	—	●	●	●
	材料	文本		—	●	●	●

续表 C.4.3.6

构件	属性名称	参数类型	单位/描述/取值范围	信息深度等级			
				N1	N2	N3	N4
楼梯	名称	文本		—	●	●	●
	长	数值	mm	—	●	●	●
	宽	数值	mm	—	●	●	●
	高	数值	mm	—	●	●	●
	厚	数值	mm	—	●	●	●
	位置	坐标	(mm,mm,mm,°)	—	●	●	●
	标高	数值	m	—	●	●	●
	坡度	数值	%	—	●	●	●
	角度	数值	度	—	●	●	●
	踏步宽	数值	mm	—	●	●	●
	踏步高	数值	mm	—	●	●	●
	材料	文本		—	●	●	●
防水卷材	名称	文本		—	○	●	●
	长	数值	mm	—	○	●	●
	宽	数值	mm	—	○	●	●
	厚	数值	mm	—	○	●	●
	位置	坐标	(mm,mm,mm,°)	—	○	●	●
	标高	数值	m	—	○	●	●
	坡度	数值	%	—	○	●	●
	材料	文本		—	○	●	●
	关键参数	文本		—	○	●	●

表 C.4.3.7 矿山段专有构件信息深度等级

构件	属性名称	参数类型	单位/描述/取值范围	信息深度等级			
				N1	N2	N3	N4
大管棚	名称	文本		—	●	●	●
	位置	坐标	(mm,mm,mm,°)	—	●	●	●
	环向间距	数值	mm	—	●	●	●
	数值	数值	mm	—	●	●	●
	管径	数值	mm	—	●	●	●
	壁厚	数值	mm	—	●	●	●
	材料	文本		—	●	●	●
超前小导管	名称	文本		—	●	●	●
	位置	坐标	(mm,mm,mm,°)	—	●	●	●
	环向间距	数值	mm	—	●	●	●
	纵向间距	数值	mm	—	●	●	●
	数值	数值	mm	—	●	●	●
	管径	数值	mm	—	●	●	●
	壁厚	数值	mm	—	●	●	●
	材料	文本		—	●	●	●
系统锚杆	名称	文本		—	●	●	●
	位置	坐标	(mm,mm,mm,°)	—	●	●	●
	环向间距	数值	mm	—	●	●	●
	纵向间距	数值	mm	—	●	●	●
	数值	数值	mm	—	●	●	●
	管径	数值	mm	—	●	●	●
	壁厚	数值	mm	—	●	●	●
	材料	文本		—	●	●	●

续表 C.4.3.7

构件	属性名称	参数类型	单位/描述/取值范围	信息深度等级			
				N1	N2	N3	N4
锁脚锚杆	名称	文本		—	●	●	●
	位置	坐标	(mm,mm,mm,°)	—	●	●	●
	纵向间距	数值	mm	—	●	●	●
	数值	数值	mm	—	●	●	●
	管径	数值	mm	—	●	●	●
	壁厚	数值	mm	—	●	●	●
	材料	文本		—	●	●	●
明洞	名称	文本		—	●	●	●
	数值	数值	mm	—	●	●	●
	厚度	数值	mm	—	●	●	●
	材料	文本		—	●	●	●
初期支护	名称	文本		—	○	●	●
	厚度	数值	mm	—	○	●	●
	数值	数值	mm	—	○	●	●
	材料	文本		—	○	●	●
钢架段	名称	文本		—	○	●	●
	数值	数值	mm	—	○	●	●
	角度	数值		—	○	●	●
	材料	文本		—	○	●	●
钢板	名称	文本		—	—	●	●
	数值	数值	mm	—	—	●	●
	宽度	数值	mm	—	—	●	●
	厚度	数值	mm	—	—	●	●
	开孔位置	文本		—	—	●	●
	材料	文本		—	—	●	●

续表 C.4.3.7

构件	属性名称	参数类型	单位/描述/取值范围	信息深度等级			
				N1	N2	N3	N4
螺栓	名称	文本		—	—	●	●
	数值	数值	mm	—	—	●	●
	直径	数值	mm	—	—	●	●
	螺纹间距	数值	mm	—	—	●	●
	螺纹半径	数值	mm	—	—	●	●
螺母	名称	文本		—	—	●	●
	直径	数值	mm	—	—	●	●
	数值	数值	mm	—	—	●	●
	螺牙数	整数	个	—	—	●	●
	螺纹距	数值	mm	—	—	●	●
角钢	名称	文本		—	—	●	●
	数值	数值	mm	—	—	●	●
	宽度	数值	mm	—	—	●	●
	高度	数值	mm	—	—	●	●
	厚度	数值	mm	—	—	●	●
	材料	文本		—	—	●	●
U型筋	名称	文本		—	—	●	●
	数值	数值	mm	—	—	●	●
	宽度	数值	mm	—	—	●	●
	倒角	数值	mm	—	—	●	●
	直径	数值	mm	—	—	●	●
	材料	文本		—	—	●	●

续表 C.4.3.7

构件	属性名称	参数类型	单位/描述/取值范围	信息深度等级			
				N1	N2	N3	N4
斜筋	名称	文本		—	—	●	●
	数值	数值	mm	—	—	●	●
	高度	数值	mm	—	—	●	●
	倒角	数值	mm	—	—	●	●
	直径	数值	mm	—	—	●	●
	材料	文本		—	—	●	●
8字筋	名称	文本		—	—	●	●
	数值	数值	mm	—	—	●	●
	宽度	数值	mm	—	—	●	●
	倒角	数值	mm	—	—	●	●
	直径	数值	mm	—	—	●	●
	材料	文本		—	—	●	●
初期支护箍筋	名称	文本		—	—	●	●
	高度	数值	mm	—	—	●	●
	宽度	数值	mm	—	—	●	●
	倒角	数值	mm	—	—	●	●
	直径	数值	mm	—	—	●	●
	材料	文本		—	—	●	●
二次衬砌	名称	文本		—	●	●	●
	厚度	数值	mm	—	●	●	●
	数值	数值	mm	—	●	●	●
	材料	文本		—	●	●	●

续表 C.4.3.7

构件	属性名称	参数类型	单位/描述/取值范围	信息深度等级			
				N1	N2	N3	N4
二次衬砌主筋	名称	文本		—	—	●	●
	数值	数值	mm	—	—	●	●
	弧长	数值	mm	—	—	●	●
	角度	数值		—	—	●	●
	间距	数值	mm	—	—	●	●
	直径	数值	mm	—	—	●	●
	材料	文本		—	—	●	●
二次衬砌纵向连接筋	名称	文本		—	—	●	●
	数值	数值	mm	—	—	●	●
	间距	数值	mm	—	—	●	●
	直径	数值	mm	—	—	●	●
	材料	文本		—	—	●	●
二次衬砌箍筋	名称	文本		—	—	●	●
	数值	数值	mm	—	—	●	●
	倒角	数值	mm	—	—	●	●
	自由端数值	数值	mm	—	—	●	●
	间距	数值	mm	—	—	●	●
	材料	文本		—	—	●	●
电缆沟	名称	文本		—	●	●	●
	宽度	数值	mm	—	●	●	●
	高度	数值	mm	—	●	●	●
	数值	数值	mm	—	●	●	●
	材料	文本		—	●	●	●

续表 C.4.3.7

构件	属性名称	参数类型	单位/描述/取值范围	信息深度等级			
				N1	N2	N3	N4
水沟	名称	文本		—	●	●	●
	宽度	数值	mm	—	●	●	●
	高度	数值	mm	—	●	●	●
	数值	数值	mm	—	●	●	●
	材料	文本		—	●	●	●
沟槽盖板	名称	文本		—	●	●	●
	数值	数值	mm	—	●	●	●
	宽度	数值	mm	—	●	●	●
	厚度	数值	mm	—	●	●	●
	材料	文本		—	●	●	●
路面面层	名称	文本		—	●	●	●
	厚度	数值	mm	—	●	●	●
	材料	文本		—	●	●	●
路面垫层	名称	文本		—	●	●	●
	厚度	数值	mm	—	●	●	●
	材料	文本		—	●	●	●
隧底填充	名称	文本		—	●	●	●
	数值	数值	mm	—	●	●	●
	宽度	数值	mm	—	●	●	●
	高度	数值	mm	—	●	●	●
	弧度	数值		—	●	●	●
	半径	数值	mm	—	●	●	●
	材料	文本		—	●	●	●

续表 C.4.3.7

构件	属性名称	参数类型	单位/描述/取值范围	信息深度等级			
				N1	N2	N3	N4
洞门	名称	文本		—	●	●	●
	宽度	数值	mm	—	●	●	●
	厚度	数值	mm	—	●	●	●
	高度	数值	mm	—	●	●	●
	材料	文本		—	●	●	●
边仰坡	名称	文本		—	●	●	●
	刷方坡率	数值		—	●	●	●
	刷方高度	数值	mm	—	●	●	●
	刷方宽度	数值	mm	—	●	●	●
	刷方台阶	数值	个	—	●	●	●
回填	名称	文本	—	—	—	●	●
	数值	数值	mm	—	—	●	●
	宽度	数值	mm	—	—	●	●
	高度	数值	mm	—	—	●	●
	材料	文本		—	—	●	●

表 C.4.3.8 沉管段专有构件信息深度等级

构件	属性名称	参数类型	单位/描述/取值范围	信息深度等级			
				N1	N2	N3	N4
管节	名称	文本		—	●	●	●
	标高	数值	m	—	●	●	●
	位置	坐标	(mm,mm,mm,°)	—	●	●	●
	坡度	数值	%	—	●	●	●
	数值	数值	mm	—	●	●	●
	宽度	数值	mm	—	●	●	●
	高度	数值	mm	—	●	●	●
	顶板厚	数值	mm	—	●	●	●
	底板厚	数值	mm	—	●	●	●
	侧墙厚度	数值	mm	—	●	●	●
	中隔墙厚度	数值	mm	—	●	●	●
	内倒角尺寸	数值	mm	—	●	●	●
	外倒角尺寸	数值	mm	—	●	●	●
	结构材料	文本		—	●	●	●
	铺装材料	文本		—	●	●	●
	接头类型	枚举型	现浇接头、预制接头	—	●	●	●
	防水材料	文本		—	●	●	●
防锚层	名称	文本		—	—	●	●
	厚度	数值	mm	—	—	●	●
	标高	数值	m	—	—	●	●
	位置	坐标	(mm,mm,mm,°)	—	—	●	●
	高	数值	mm	—	—	●	●
	长	数值	mm	—	—	●	●
	材料	文本		—	—	●	●

续表 C.4.3.8

构件	属性名称	参数类型	单位/描述/取值范围	信息深度等级			
				N1	N2	N3	N4
护边块	名称	文本		—	—	●	●
	厚度	数值	mm	—	—	●	●
	标高	数值	m	—	—	●	●
	位置	坐标	(mm,mm,mm,°)	—	—	●	●
	高	数值	mm	—	—	●	●
	长	数值	mm	—	—	●	●
	材料	文本		—	—	●	●
钢端封门	名称	文本		—	—	●	●
	厚度	数值	mm	—	—	●	●
	标高	数值	m	—	—	●	●
	位置	坐标	(mm,mm,mm,°)	—	—	●	●
	高	数值	mm	—	—	●	●
	长	数值	mm	—	—	●	●
	材料	文本		—	—	●	●
钢牛腿	名称	文本		—	—	●	●
	厚度	数值	mm	—	—	●	●
	位置	坐标	(mm,mm,mm,°)	—	—	●	●
	高	数值	mm	—	—	●	●
	长	数值	mm	—	—	●	●
	材料	文本		—	—	●	●

续表 C.4.3.8

构件	属性名称	参数类型	单位/描述/取值范围	信息深度等级			
				N1	N2	N3	N4
钢枕梁	名称	文本		—	—	●	●
	厚度	数值	mm	—	—	●	●
	标高	数值	m	—	—	●	●
	位置	坐标	(mm,mm,mm,°)	—	—	●	●
	高	数值	mm	—	—	●	●
	长	数值	mm	—	—	●	●
	材料	文本		—	—	●	●
止水带	名称	文本		—	—	●	●
	厚度	数值	mm	—	—	●	●
	位置	坐标	(mm,mm,mm,°)	—	—	●	●
	高	数值	mm	—	—	●	●
	长	数值	mm	—	—	●	●
	类型	文本		—	—	●	●
	材料	文本		—	—	●	●
竖向剪切键	名称	文本		—	—	●	●
	厚度	数值	mm	—	—	●	●
	位置	坐标	(mm,mm,mm,°)	—	—	●	●
	高	数值	mm	—	—	●	●
	长	数值	mm	—	—	●	●
	材料	文本		—	—	●	●

续表 C.4.3.8

构件	属性名称	参数类型	单位/描述/取值范围	信息深度等级			
				N1	N2	N3	N4
水平剪切键	名称	文本		—	—	●	●
	厚度	数值	mm	—	—	●	●
	位置	坐标	(mm,mm,mm,°)	—	—	●	●
	高	数值	mm	—	—	●	●
	长	数值	mm	—	—	●	●
	材料	文本		—	—	●	●
鼻托梁	名称	文本		—	—	●	●
	厚度	数值	mm	—	—	●	●
	标高	数值	m	—	—	●	●
	位置	坐标	(mm,mm,mm,°)	—	—	●	●
	高	数值	mm	—	—	●	●
	长	数值	mm	—	—	●	●
	材料	文本		—	—	●	●
橡胶支座	名称	文本		—	—	●	●
	厚度	数值	mm	—	—	●	●
	标高	数值	m	—	—	●	●
	位置	坐标	(mm,mm,mm,°)	—	—	●	●
	高	数值	mm	—	—	●	●
	长	数值	mm	—	—	●	●
	材料	文本		—	—	●	●

续表 C.4.3.8

构件	属性名称	参数类型	单位/描述/取值范围	信息深度等级			
				N1	N2	N3	N4
连接键	名称	文本		—	—	●	●
	厚度	数值	mm	—	—	●	●
	位置	坐标	(mm,mm,mm,°)	—	—	●	●
	高	数值	mm	—	—	●	●
	长	数值	mm	—	—	●	●
	材料	文本		—	—	●	●
导向装置	名称	文本		—	—	●	●
	厚度	数值	mm	—	—	●	●
	标高	数值	m	—	—	●	●
	位置	坐标	(mm,mm,mm,°)	—	—	●	●
	高	数值	mm	—	—	●	●
	长	数值	mm	—	—	●	●
	材料	文本		—	—	●	●
预埋件	名称	文本		—	—	●	●
	钢板厚度	数值	mm	—	—	●	●
	钢板尺寸	数值	mm	—	—	●	●
	螺栓规格	枚举型	普通螺栓、承压型连接高强度螺栓等	—	—	●	●
	螺栓排布	文本		—	—	●	●
	螺栓数量	数值	个	—	—	●	●
	螺栓等级	枚举型	A级、B级……8.8级、10.9级等	—	—	●	●

续表 C.4.3.8

构件	属性名称	参数类型	单位/描述/取值范围	信息深度等级			
				N1	N2	N3	N4
灌砂孔	名称	文本		—	—	●	●
	孔径	数值	mm	—	—	●	●
	厚度	数值	mm	—	—	●	●
	间距	数值	mm	—	—	●	●
	定位	坐标	(mm,mm,mm,°)	—	—	●	●
	转角半径	数值	mm	—	—	●	●
	扩散半径	数值	mm	—	—	●	●
	灌砂水砂比	数值		—	—	●	●
	材料	文本		—	—	●	●
基槽	名称	文本		—	●	●	●
	标高	数值	m	—	●	●	●
	位置	坐标	(mm,mm,mm,°)	—	●	●	●
	底宽度	数值	mm	—	●	●	●
	深度	数值	mm	—	●	●	●
	放坡	数值		—	●	●	●
	材料	文本		—	●	●	●
干坞基坑围护	名称	文本		—	●	●	●
	围护类型	文本		—	●	●	●
	标高	数值	m	—	●	●	●
	位置	坐标	(mm,mm,mm,°)	—	●	●	●
	高	数值	mm	—	●	●	●
	长	数值	mm	—	●	●	●
	材料	文本		—	●	●	●

续表 C.4.3.8

构件	属性名称	参数类型	单位/描述/取值范围	信息深度等级			
				N1	N2	N3	N4
钢坞门	名称	文本		—	●	●	●
	标高	数值	m	—	●	●	●
	位置	坐标	(mm,mm,mm,°)	—	●	●	●
	长	数值	mm	—	●	●	●
	高	数值	mm	—	●	●	●
	厚	数值	mm	—	●	●	●
	材料	文本	—	—	●	●	●

C.4.4 道路专业信息深度等级

表 C.4.4.1 道路功能级信息深度等级

属性名称	参数类型	单位/描述/取值范围	信息深度等级			
			N1	N2	N3	N4
道路名称	文本		○	●	●	●
道路等级	枚举型	快速路、主干路、次干路、支路	○	●	●	●
设计车速	数值	km/h	○	●	●	●
标准车道宽度	数值	m	○	●	●	●
车道数	整数	>0	○	●	●	●
路面类型	文本	如沥青混凝土路面、水泥混凝土路面、砌块路面等	○	●	●	●
路面荷载	文本		○	●	●	●
道路中心线平曲线表	数据表		○	●	●	●
道路中心线纵曲线表	数据表		○	●	●	●
机动车道路面宽度	数值	m	○	●	●	●
非机动车道路面宽度	数值	m	○	●	●	●
人行道路面宽度	数值	m	○	●	●	●

续表 C.4.4.1

属性名称	参数类型	单位/描述/取值范围	信息深度等级			
			N1	N2	N3	N4
绿化带宽度	数值	m	○	●	●	●
中央分隔带宽度	数值	m	○	●	●	●
机非分隔带宽度	数值	m	○	●	●	●
起始桩号	文本	如 K0＋000m	○	●	●	●
结束桩号	文本	如 K1＋000m	○	●	●	●
道路数值	数值	km	○	●	●	●

表 C.4.4.2 道路横断面组成主要构件信息深度等级

构件	属性名称	参数类型	单位/描述/取值范围	信息深度等级			
				N1	N2	N3	N4
机动车道	分幅位置	文本	在横断面中从左到右的位置号	○	●	●	●
	路面宽度	数值	m	○	●	●	●
	车道数	整数	＞0	○	●	●	●
	左路缘带宽度	数值	m	○	●	●	●
	右路缘带宽度	数值	m	○	●	●	●
	路拱形式	枚举型	如直线形、二次抛物线等	○	●	●	●
	坡型	枚举型	单向坡、双向坡	○	●	●	●
	横坡	坡度	%	○	●	●	●
	左侧平石类型	文本	如 50×15×80cm	○	●	●	●
	右侧平石类型	文本	如 50×15×80cm	○	●	●	●
	左立缘石类型	文本	如 50×15×80cm	○	●	●	●
	右立缘石类型	文本	如 50×15×80cm	○	●	●	●
	缘石外露高度	数值	m	○	●	●	●

续表 C.4.4.2

构件	属性名称	参数类型	单位/描述/取值范围	信息深度等级			
				N1	N2	N3	N4
非机动车道	分幅位置	文本	在横断面中从左到右的位置号	○	●	●	●
	宽度	数值	m	○	●	●	●
	车道数	整数	>0	○	●	●	●
	左路缘带宽度	数值	m	○	●	●	●
	右路缘带宽度	数值	m	○	●	●	●
	路拱形式	枚举型	如直线形、二次抛物线等	○	●	●	●
	坡型	枚举型	单向坡、双向坡	○	●	●	●
	横坡	数值	%	○	●	●	●
	左侧平石类型	文本	如 50×15×80cm	○	●	●	●
	右侧平石类型	文本	如 50×15×80cm	○	●	●	●
	左立缘石类型	文本	如 50×15×80cm	○	●	●	●
	右立缘石类型	文本	如 50×15×80cm	○	●	●	●
	缘石外露高度	数值	m	○	●	●	●
辅路	分幅位置	文本	在横断面中从左到右的位置号	○	●	●	●
	路面宽度	数值	m	○	●	●	●
	车道数	数值	>0	○	●	●	●
	左路缘带宽度	数值	m	○	●	●	●
	右路缘带宽度	数值	m	○	●	●	●
	路拱形式	枚举型	如直线形、二次抛物线等	○	●	●	●
	坡型	枚举型	单向坡、双向坡	○	●	●	●
	横坡	数值	%	○	●	●	●
	左侧平石类型	文本	如 50×15×80cm	○	●	●	●
	右侧平石类型	文本	如 50×15×80cm	○	●	●	●
	左立缘石类型	文本	如 50×15×80cm	○	●	●	●
	右立缘石类型	文本	如 50×15×80cm	○	●	●	●
	缘石外露高度	数值	m	○	●	●	●

续表 C.4.4.2

构件	属性名称	参数类型	单位/描述/取值范围	信息深度等级			
				N1	N2	N3	N4
绿化带	分幅位置	文本	在横断面中从左到右的位置号	○	●	●	●
	宽度	数值	m	○	●	●	●
	坡型	枚举型	单向坡、双向坡	○	●	●	●
	左立缘石类型	文本	如 50×15×80cm	○	●	●	●
	右立缘石类型	文本	如 50×15×80cm	○	●	●	●
	缘石外露高度	数值	m	○	●	●	●
人行道	分幅位置	文本	在横断面中从左到右的位置号	○	●	●	●
	宽度	数值	m	○	●	●	●
	横坡	数值	%	○	●	●	●
	人行道铺装	文本		○	●	●	●
	左立缘石类型	文本	如 50×15×80cm	○	●	●	●
	右立缘石类型	文本	如 50×15×80cm	○	●	●	●
	缘石外露高度	数值	m	○	●	●	●
分隔带	分幅位置	文本	在横断面中从左到右的位置号	○	●	●	●
	宽度	数值	m	○	●	●	●
	坡型	枚举型	单向坡、双向坡	○	●	●	●
	横坡	数值	%	○	●	●	●
	左立缘石类型	文本	如 50×15×80cm	○	●	●	●
	右立缘石类型	文本	如 50×15×80cm	○	●	●	●
	缘石外露高度	数值	m	○	●	●	●

表 C.4.4.3 道路横断面组成次要构件信息深度等级

构件	属性名称	参数类型	单位/描述/取值范围	信息深度等级			
				N1	N2	N3	N4
栏杆	类型名称	文本	如双立柱护栏	—	●	●	●
	长	数值	m	—	●	●	●
	宽	数值	m	—	●	●	●
	高	数值	m	—	●	●	●
	材质	文本		—	●	●	●
侧平石	类型名称	文本	如50×15×80cm	—	●	●	●
	长	数值	m	—	●	●	●
	宽	数值	m	—	●	●	●
	高	数值	m	—	●	●	●
	材质	文本		—	●	●	●
立缘石	类型名称	文本	如50×15×80cm	—	●	●	●
	长	数值	m	—	●	●	●
	宽	数值	m	—	●	●	●
	高	数值	m	—	●	●	●
	材质	文本		—	●	●	●
缘石	类型名称	文本	如50×15×80cm	—	●	●	●
	长	数值	m	—	●	●	●
	宽	数值	m	—	●	●	●
	高	数值	m	—	●	●	●
	材质	文本		—	●	●	●

表 C.4.4.4　道路路面结构信息深度等级

构件	属性名称	参数类型	单位/描述/取值范围	信息深度等级			
				N1	N2	N3	N4
面层	名称	文本		—	●	●	●
	层位	文本	在路面结构层中从上向下数的位置序号	—	●	●	●
	厚度	数值	m	—	●	●	●
	填料材质	文本	如细粒式沥青混凝土、中粒式沥青混凝土等	—	●	●	●
基层	名称	文本		—	●	●	●
	层位	文本	在路面结构层中从上向下数的位置序号	—	●	●	●
	厚度	数值	m	—	●	●	●
	填料材质	文本	如水泥混凝土、水泥稳定碎砾石等	—	●	●	●
底基层	名称	文本		—	●	●	●
	层位	文本	在路面结构层中从上向下数的位置序号	—	●	●	●
	厚度	数值	m	—	●	●	●
	填料材质	文本	如水泥混凝土、水泥稳定碎砾石等	—	●	●	●
垫层	名称	文本		—	●	●	●
	层位	文本	在路面结构层中从上向下数的位置序号	—	●	●	●
	厚度	数值	m	—	●	●	●
	填料材质	文本	如水泥混凝土、水泥稳定碎砾石等	—	●	●	●

表 C.4.4.5 交通标线信息深度等级

构件	属性名称	参数类型	单位/描述/取值范围	信息深度等级			
				N1	N2	N3	N4
一般标线	标线名称	文本	如车行道边缘线	—	●	●	●
	标线类型	文本	如指示标线	—	●	●	●
	标线样式	文本	如单实线	—	●	●	●
	线宽	数值	cm	—	●	●	●
	是否双线	布尔值	是/否	—	●	●	●
	线间距	数值	cm	—	●	●	●
	颜色	文本	如白色	—	●	●	●
	材料	文本	如冷漆	—	—	●	●
	材料厚度	数值	mm	—	—	●	●
指示标线	标线名称	文本	如人行横道线	—	●	●	●
	标线类型	文本	指示标线	—	●	●	●
	颜色	文本	如白色	—	●	●	●
	材料	文本	如冷漆	—	—	●	●
	材料厚度	数值	mm	—	—	●	●
禁止标线	标线名称	文本	如网状线	—	●	●	●
	标线类型	文本	禁止标线	—	●	●	●
	颜色	文本	如黄色	—	●	●	●
	材料	文本	如冷漆	—	—	●	●
	材料厚度	数值	mm	—	—	●	●
警告标线	标线名称	文本	如车行道纵向减速标线	—	●	●	●
	标线类型	文本	警告标线	—	●	●	●
	颜色	文本	如白色	—	●	●	●
	材料	文本	如冷漆	—	—	●	●
	材料厚度	数值	mm	—	—	●	●

续表 C.4.4.5

构件	属性名称	参数类型	单位/描述/取值范围	信息深度等级			
				N1	N2	N3	N4
突起路标	突起路标规格	文本		—	●	●	●
	布设间隔	数值	cm	—	●	●	●
	布设位置	文本		—	●	●	●
	安装方式	文本		—	—	●	●
轮廓标	轮廓标规格	文本		—	●	●	●
	布设间隔	数值	cm	—	●	●	●
	布设位置	文本		—	●	●	●
	安装方式	文本		—	—	●	●

表 C.4.4.6 交通标志信息深度等级

构件	属性名称	参数类型	单位/描述/取值范围	信息深度等级			
				N1	N2	N3	N4
标志牌	标志牌名称	文本		—	●	●	●
	标志牌宽度	数值	mm	—	●	●	●
	标志牌高度	数值	mm	—	●	●	●
	标志牌图示	图片		—	●	●	●
	颜色	文本	如白色	—	●	●	●
	材料	文本	如冷漆	—	●	●	●
	材料厚度	数值	mm	—	—	●	●
标志杆	支持方式	文本	单柱式	—	●	●	●
	标志杆外径	数值	mm	—	—	●	●
	标志杆壁厚	数值	mm	—	—	●	●
	标志杆高度	数值	mm	—	—	●	●
	标志杆材料	文本	如钢	—	●	●	●

续表 C.4.4.6

构件	属性名称	参数类型	单位/描述/取值范围	信息深度等级			
				N1	N2	N3	N4
基础	基础类型	文本		—	●	●	●
	基础高度	数值	mm	—	—	●	●
	基础宽度	数值	mm	—	—	●	●
	基础数值	数值	mm	—	—	●	●
	材料	文本	如混凝土	—	—	●	●
	垫层厚度	数值	mm	—	—	●	●
	垫层材质	文本	如混凝土	—	●	●	●

C.4.5 通风专业信息深度等级

表 C.4.5.1 通风功能级信息深度等级

属性名称	参数类型	单位/描述/取值范围	信息深度等级			
			N1	N2	N3	N4
系统名称	文本		—	●	●	●
系统颜色	文本	(R,G,B)	—	●	●	●
系统材质	文本		—	●	●	●

表 C.4.5.2 空调系统专有信息深度等级

空调系统	属性名称	参数类型	单位/描述/取值范围	信息深度等级			
				N1	N2	N3	N4
分体空调	冷量	数值	kW	—	●	●	●
变频多联系统	冷量	数值	kW	—	●	●	●
空调水系统	冷量	数值	kW	—	●	●	●
	空调水流量	数值	m^3/h	—	●	●	●
	压降	数值	mH_2O	—	●	●	●
空调送风系统	风量	数值	m^3/h	—	●	●	●
	阻力	数值	Pa	—	●	●	●
空调回风系统	风量	数值	m^3/h	—	●	●	●
	阻力	数值	Pa	—	●	●	●

表 C.4.5.3　通风系统专有信息深度等级

通风系统	属性名称	参数类型	单位/描述/取值范围	信息深度等级			
				N1	N2	N3	N4
送风系统	风量	数值	m^3/h	—	●	●	●
	阻力	数值	Pa	—	●	●	●
排风系统	风量	数值	m^3/h	—	●	●	●
	阻力	数值	Pa	—	●	●	●

表 C.4.5.4　排烟系统专有信息深度等级

通风系统	属性名称	参数类型	单位/描述/取值范围	信息深度等级			
				N1	N2	N3	N4
排烟系统	排烟量	数值	m^3/h	—	●	●	●
	阻力	数值	Pa	—	●	●	●
补风系统	补风量	数值	m^3/h	—	●	●	●
	阻力	数值	Pa	—	●	●	●

表 C.4.5.5　通风构件信息深度等级

构件	属性名称	参数类型	单位/描述/取值范围	信息深度等级			
				N1	N2	N3	N4
风机	名称	文本		—	●	●	●
	型号	文本		—	●	●	●
	规格	文本		—	●	●	●
	功能	文本		—	●	●	●
	材质	文本		—	●	●	●
	位置	坐标	(mm,mm,mm,°)	—	●	●	●
	标高	数值	m	—	●	●	●
	通风系统类型	枚举型	如排烟系统	—	●	●	●

续表 C.4.5.5

构件	属性名称	参数类型	单位/描述/取值范围	信息深度等级			
				N1	N2	N3	N4
空调	名称	文本		—	●	●	●
	型号	文本		—	●	●	●
	规格	文本		—	●	●	●
	位置	坐标	(mm,mm,mm,°)	—	●	●	●
	标高	数值	m	—	●	●	●
	通风系统类型	枚举型	如送风系统	—	●	●	●
风管	名称	文本		—	●	●	●
	型号	文本		—	●	●	●
	规格	文本		—	●	●	●
	材质	文本		—	●	●	●
	位置	坐标	(mm,mm,mm,°)	—	●	●	●
	标高	数值	m	—	●	●	●
	数值	数值	m	—	●	●	●
	通风系统类型	枚举型	如送风系统	—	●	●	●
风阀	名称	文本		—	●	●	●
	型号	文本		—	●	●	●
	规格	文本		—	●	●	●
	材质	文本		—	●	●	●
	位置	坐标	(mm,mm,mm,°)	—	●	●	●
	标高	数值	m	—	●	●	●
	通风系统类型	枚举型	如送风系统	—	●	●	●

续表 C.4.5.5

构件	属性名称	参数类型	单位/描述/取值范围	信息深度等级			
				N1	N2	N3	N4
消声器	名称	文本		—	●	●	●
	型号	文本		—	●	●	●
	规格	文本		—	●	●	●
	材质	文本		—	●	●	●
	位置	坐标	(mm,mm,mm,°)	—	●	●	●
	标高	数值	m	—	●	●	●
	通风系统类型	枚举型	如送风系统	—	●	●	●
风管配件	名称	文本		—	●	●	●
	型号	文本		—	●	●	●
	规格	文本		—	●	●	●
	材质	文本		—	●	●	●
	位置	坐标	(mm,mm,mm,°)	—	●	●	●
	标高	数值	m	—	●	●	●
	通风系统类型	枚举型	如送风系统	—	●	●	●

C.4.6 给排水专业信息深度等级

表 C.4.6.1 给排水系统通用信息深度等级

属性名称	参数类型	单位/描述/取值范围	信息深度等级			
			N1	N2	N3	N4
系统名称	文本		—	●	●	●
系统颜色	文本	(R,G,B)	—	●	●	●
系统材质	文本		—	●	●	●

表 C.4.6.2 消防给水系统信息深度等级

消防给水系统	属性名称	参数类型	单位/描述/取值范围	信息深度等级			
				N1	N2	N3	N4
消火栓系统	流量	数值	L/s	—	●	●	●
	水枪充实水柱	数值	m	—	●	●	●
泡沫-水喷雾系统	喷雾强度	数值	L/min·m²	—	●	●	●
	最不利点处喷头压力	数值	MPa	—	●	●	●
水喷雾系统	喷雾强度	数值	L/min·m²	—	●	●	●
	最不利点处喷头压力	数值	MPa	—	●	●	●
泡沫消火栓	流量	数值	L/s	—	●	●	●
	最不利点泡沫消火栓压力	数值	MPa	—	●	●	●
气体灭火系统	流量	数值	L/s	—	●	●	●
	最不利点气体压力	数值	MPa	—	●	●	●
干粉灭火系统	流量	数值	L/s	—	●	●	●
	最不利点处喷头压力	数值	MPa	—	●	●	●

表 C.4.6.3 排水系统专有信息深度等级

排水系统	属性名称	参数类型	单位/描述/取值范围	信息深度等级			
				N1	N2	N3	N4
雨水系统	暴雨重现期	数值	年	—	●	●	●
	坡面集流时间或降雨历时	数值	min	—	●	●	●
	汇水面积	数值	m²	—	●	●	●
废水系统	结构渗入水量	数值	L/d·m²	—	●	●	●
	废水量	数值	L/s	—	●	●	●

表 C.4.6.4　给排水通用构件信息深度等级

构件	属性名称	参数类型	单位/描述/取值范围	信息深度等级			
				N1	N2	N3	N4
水泵	名称	文本		—	●	●	●
	型号	文本		—	●	●	●
	规格	文本		—	●	●	●
	功能	文本		—	●	●	●
	材质	文本		—	●	●	●
	位置	坐标	(mm,mm,mm,°)	—	●	●	●
	标高	数值	m	—	●	●	●
	给排水系统类型	枚举型	如废水系统	—	●	●	●
阀门	名称	文本		—	○	●	●
	型号	文本		—	○	●	●
	规格	文本		—	○	●	●
	位置	坐标	(mm,mm,mm,°)	—	○	●	●
	标高	数值	m	—	○	●	●
	给排水系统类型	枚举型	如废水系统	—	○	●	●
管道	名称	文本		—	●	●	●
	型号	文本		—	●	●	●
	规格	文本		—	●	●	●
	材质	文本		—	●	●	●
	位置	坐标	(mm,mm,mm,°)	—	●	●	●
	标高	数值	m	—	●	●	●
	数值	数值	m	—	●	●	●
	给排水系统类型	枚举型	如废水系统	—	●	●	●

续表 C.4.6.4

构件	属性名称	参数类型	单位/描述/取值范围	信息深度等级			
				N1	N2	N3	N4
消火栓	名称	文本		—	●	●	●
	规格	文本		—	●	●	●
	材质	文本		—	●	●	●
	位置	坐标	(mm,mm,mm,°)	—	●	●	●
	标高	数值	m	—	●	●	●
	给排水系统类型	枚举型	如消火栓系统	—	●	●	●
灭火器	名称	文本		—	●	●	●
	型号	文本		—	●	●	●
	规格	文本		—	●	●	●
	材质	文本		—	●	●	●
	位置	坐标	(mm,mm,mm,°)	—	●	●	●
	标高	数值	m	—	●	●	●
	给排水系统类型	枚举型	如泡沫消火栓	—	●	●	●
自动灭火控制阀箱	名称	文本		—	●	●	●
	型号	文本		—	●	●	●
	规格	文本		—	●	●	●
	材质	文本		—	●	●	●
	位置	坐标	(mm,mm,mm,°)	—	●	●	●
	标高	数值	m	—	●	●	●
	给排水系统类型	枚举型	如水喷雾系统	—	●	●	●
喷头	名称	文本		—	●	●	●
	规格	文本		—	●	●	●
	材质	文本		—	●	●	●
	位置	坐标	(mm,mm,mm,°)	—	●	●	●
	标高	数值	m	—	●	●	●
	给排水系统类型	枚举型	如水喷雾系统	—	●	●	●

续表 C.4.6.4

构件	属性名称	参数类型	单位/描述/取值范围	信息深度等级			
				N1	N2	N3	N4
固定泡沫灭火装置	名称	文本		—	●	●	●
	规格	文本		—	●	●	●
	材质	文本		—	●	●	●
	位置	坐标	(mm,mm,mm,°)	—	●	●	●
	标高	数值	m	—	●	●	●
	给排水系统类型	枚举型	如泡沫消火栓	—	●	●	●
管道配件	名称	文本		—	●	●	●
	规格	文本		—	●	●	●
	材质	文本		—	●	●	●
	位置	坐标	(mm,mm,mm,°)	—	●	●	●
	标高	数值	m	—	●	●	●
	给排水系统类型	枚举型	如废水系统	—	●	●	●
排水横截沟	名称	文本		—	●	●	●
	规格	文本		—	●	●	●
	材质	文本		—	●	●	●
	位置	坐标	(mm,mm,mm,°)	—	●	●	●
	标高	数值	m	—	●	●	●
	给排水系统类型	枚举型	如雨水系统	—	●	●	●
超细干粉灭火装置	名称	文本		—	●	●	●
	规格	文本		—	●	●	●
	材质	文本		—	●	●	●
	位置	坐标	(mm,mm,mm,°)	—	●	●	●
	标高	数值	m	—	●	●	●
	给排水系统类型	枚举型	如干粉灭火系统	—	●	●	●

C.4.7 供配电及照明专业信息深度等级

表 C.4.7.1 供配电及照明系统通用信息深度等级

属性名称	参数类型	单位/描述/取值范围	信息深度等级			
			N1	N2	N3	N4
系统名称	文本		—	●	●	●
系统颜色	文本	(R,G,B)	—	●	●	●
系统材质	文本		—	●	●	●

表 C.4.7.2 供配电及照明构件信息深度等级

构件	属性名称	参数类型	单位/描述/取值范围	信息深度等级			
				N1	N2	N3	N4
高压配电柜	名称	文本		○	●	●	●
	型号	文本		○	●	●	●
	电压等级	枚举型	kV	—	●	●	●
	功能	文本		○	●	●	●
	安装位置	坐标	(mm,mm,mm,°)	—	●	●	●
	进出线方式	文本		○	●	●	●
变压器	名称	文本		○	●	●	●
	型号	文本		○	●	●	●
	容量	数值	kVA	—	●	●	●
	安装位置	坐标	(mm,mm,mm,°)	—	●	●	●
	冷却形式	文本		○	●	●	●
	进出线方式	文本		○	●	●	●
低压配电柜	名称	文本		○	●	●	●
	型号	文本		○	●	●	●
	电压等级	文本	kV	—	●	●	●
	功能	文本		○	●	●	●
	安装位置	坐标	(mm,mm,mm,°)	—	●	●	●
	进出线方式	文本		○	●	●	●

续表 C.4.7.2

构件	属性名称	参数类型	单位/描述/取值范围	信息深度等级			
				N1	N2	N3	N4
动力配电柜-箱	名称	文本		○	●	●	●
	型号	文本		○	●	●	●
	上级电源	文本		○	●	●	●
	所带负载	数值		○	●	●	●
	安装方式	文本		○	●	●	●
	进出线方式	文本		○	●	●	●
	安装位置	坐标	(mm,mm,mm,°)	—	●	●	●
照明配电箱-柜	名称	文本		○	●	●	●
	型号	文本		○	●	●	●
	上级电源	文本		○	●	●	●
	所带负载	数值	Ω	—	●	●	●
	安装方式	文本		○	●	●	●
	进出线方式	文本		○	●	●	●
	安装位置	坐标	(mm,mm,mm,°)	—	●	●	●
设备控制箱	名称	文本		○	●	●	●
	型号	文本		○	●	●	●
	上级电源	文本		○	●	●	●
	所带负载	数值	Ω	—	●	●	●
	安装方式	文本		○	●	●	●
	进出线方式	文本		○	●	●	●
	安装位置	坐标	(mm,mm,mm,°)	—	●	●	●

续表 C.4.7.2

构件	属性名称	参数类型	单位/描述/取值范围	信息深度等级			
				N1	N2	N3	N4
照明灯具	名称	文本		○	●	●	●
	型号	文本		○	●	●	●
	所属回路	文本		○	●	●	●
	安装方式	文本		○	●	●	●
	灯具功率	数值	W	—	●	●	●
	初始光通量	数值	lm	○	●	●	●
	安装位置	坐标	(mm,mm,mm,°)	○	●	●	●
动力电缆	回路编号	数值		○	●	●	●
	型号	文本		○	●	●	●
	电压等级	文本	kV	—	●	●	●
	安装位置	坐标	(mm,mm,mm,°)	○	●	●	●
	数值	数值	m	—	●	●	●
	阻燃耐火等级	文本		○	●	●	●
	芯数	数值		—	●	●	●
	截面积	数值	m^2	—	●	●	●
	保护管径	数值	mm	—	●	●	●
	安装方式	文本		○	●	●	●
控制电缆	回路编号	文本		—	●	●	●
	型号	文本		○	●	●	●
	电压等级-交直流	文本	kV	—	●	●	●
	安装位置	坐标	(mm,mm,mm,°)	○	●	●	●
	数值	数值	m	—	●	●	●
	阻燃耐火等级	文本		○	●	●	●
	芯数	数值		—	●	●	●
	截面积	数值	m^2	—	●	●	●
	保护管径	数值	mm	—	●	●	●
	安装方式	文本		○	●	●	●

续表 C.4.7.2

构件	属性名称	参数类型	单位/描述/取值范围	信息深度等级			
				N1	N2	N3	N4
电缆桥架	名称	文本		○	●	●	●
	功能	文本		○	●	●	●
	材质	文本		○	●	●	●
	规格	文本		—	●	●	●
	安装位置	坐标	(mm,mm,mm,°)	○	●	●	●
	数值	数值	m	—	●	●	●
	阻燃耐火等级	文本		○	●	●	●
	截面积	数值	m^2	—	●	●	●
	安装方式	文本		○	●	●	●

C.4.8 监控专业信息深度等级

表 C.4.8.1 监控系统通用信息深度等级

属性名称	参数类型	单位/描述/取值范围	信息深度等级			
			N1	N2	N3	N4
系统名称	名称		○	●	●	●
系统颜色	文本	(R,G,B)	○	●	●	●
系统材质	名称		○	●	●	●

表 C.4.8.2 视频监控系统构件信息深度等级

构件	属性名称	参数类型	单位/描述/取值范围	信息深度等级			
				N1	N2	N3	N4
摄像机	类型	文本		○	●	●	●
	编号	文本		○	●	●	●
	分辨率	数值	长×宽	—	●	●	●
	焦距	数值	mm	—	●	●	●
	安装位置	坐标	(mm,mm,mm,°)	—	●	●	●

续表 C.4.8.2

构件	属性名称	参数类型	单位/描述/取值范围	信息深度等级			
				N1	N2	N3	N4
网络交换机	类型	文本		○	●	●	●
	编号	文本		○	●	●	●
	传输带宽	数值	M/s	—	●	●	●
	安装位置	坐标	(mm,mm,mm,°)	—	—	●	●
视频箱	编号	文本		—	—	●	●
	安装位置	坐标	(mm,mm,mm,°)	—	●	●	●

表 C.4.8.3 交通监控系统构件信息深度等级

构件	属性名称	参数类型	单位/描述/取值范围	信息深度等级			
				N1	N2	N3	N4
车道指示器	编号	文本		○	●	●	●
	状态	文本		○	●	●	●
	安装位置	坐标	(mm,mm,mm,°)	—	●	●	●
可变信息版	类型	文本		○	●	●	●
	编号	数值		○	●	●	●
	文本信息	文本		—	●	●	●
	安装位置	坐标	(mm,mm,mm,°)	—	●	●	●
可变限速标志	编号	文本		○	●	●	●
	限制速度	数值	km/h	—	●	●	●
	安装位置	坐标	(mm,mm,mm,°)	—	●	●	●
车检器	编号	文本		○	●	●	●
	类型	文本		○	●	●	●
	交通流量	数值	pcv	—	●	●	●
	速度	数值	km/h	—	—	●	●
	安装位置	坐标	(mm,mm,mm,°)	—	●	●	●

续表 C.4.8.3

构件	属性名称	参数类型	单位/描述/取值范围	信息深度等级			
				N1	N2	N3	N4
交通信号灯	编号	文本		○	●	●	●
	类型	文本		○	●	●	●
	状态	文本		—	●	●	●
	安装位置	坐标	(mm,mm,mm,°)	—	●	●	●

表 C.4.8.4 设备监控系统构件信息深度等级

构件	属性名称	参数类型	单位/描述/取值范围	信息深度等级			
				N1	N2	N3	N4
CO-VI	编号	文本		○	●	●	●
	CO 测量值	数值	ppm	—	●	●	●
	VI 测量值	数值	ppm	—	●	●	●
	NO_2 测量值	数值	ppm	—	●	●	●
	安装位置	坐标	(mm,mm,mm,°)	—	●	●	●
风速风向仪	编号	文本		○	●	●	●
	风速	数值	m/s	—	●	●	●
	风向	文本		—	●	●	●
	安装位置	坐标	(mm,mm,mm,°)	—	●	●	●
亮度检测仪	编号	文本		○	●	●	●
	亮度值	数值	cd/m^2	—	●	●	●
	安装位置	坐标	(mm,mm,mm,°)	—	●	●	●
网络交换机	类型	文本		○	●	●	●
	编号	文本		○	●	●	●
	传输带宽	数值	M/s	—	●	●	●
	安装位置	坐标	(mm,mm,mm,°)	—	●	●	●

续表 C.4.8.4

构件	属性名称	参数类型	单位/描述/取值范围	信息深度等级			
				N1	N2	N3	N4
设备监控箱	编号	文本		○	●	●	●
	安装位置	坐标	(mm,mm,mm,°)	—	●	●	●
PLC	编号	文本		○	●	●	●
	安装位置	坐标	(mm,mm,mm,°)	—	●	●	●

表 C.4.8.5 广播系统构件信息深度等级

构件	属性名称	参数类型	单位/描述/取值范围	信息深度等级			
				N1	N2	N3	N4
功率放大器	编号	文本		○	●	●	●
	功率	数值	V	—	●	●	●
	安装位置	坐标	(mm,mm,mm,°)	—	●	●	●
扬声器	编号	文本		○	●	●	●
	类型	文本		○	●	●	●
	功率	数值	V	—	●	●	●
	安装位置	坐标	(mm,mm,mm,°)	—	●	●	●

表 C.4.8.6 电话系统构件信息深度等级

构件	属性名称	参数类型	单位/描述/取值范围	信息深度等级			
				N1	N2	N3	N4
电话	编号	文本		○	●	●	●
	类型	文本		○	●	●	●
	安装位置	坐标	(mm,mm,mm,°)	—	●	●	●
电话箱	编号	文本		○	●	●	●
	安装位置	坐标	(mm,mm,mm,°)	—	●	●	●

表 C.4.8.7　火灾报警系统构件信息深度等级

构件	属性名称	参数类型	单位/描述/取值范围	信息深度等级			
				N1	N2	N3	N4
感烟感温探测器	编号	文本		○	●	●	●
	状态	文本		—	●	●	●
	安装位置	坐标	(mm,mm,mm,°)	—	●	●	●
手动报警按钮	编号	文本		○	●	●	●
	状态	文本		—	●	●	●
	安装位置	坐标	(mm,mm,mm,°)	—	●	●	●
声光报警器	编号	文本		○	●	●	●
	状态	文本		—	●	●	●
	安装位置	坐标	(mm,mm,mm,°)	—	●	●	●
输入输出模块	编号	文本		○	●	●	●
	状态	文本		—	●	●	●
	安装位置	坐标	(mm,mm,mm,°)	—	—	●	●
模块箱	编号	文本		○	●	●	●
	状态	文本		—	●	●	●
	安装位置	坐标	(mm,mm,mm,°)	—	●	●	●
线型光纤	编号	文本		○	●	●	●
	温度	数值	℃	—	●	●	●
	安装位置	坐标	(mm,mm,mm,°)	—	●	●	●

表 C.4.8.8 监控中心设备系统构件信息深度等级

构件	属性名称	参数类型	单位/描述/取值范围	信息深度等级			
				N1	N2	N3	N4
机柜	编号	文本		○	●	●	●
	功能	文本		○	●	●	●
	规格	数值	长×宽×高	—	●	●	●
	设备占用情况	文本	单元	—	●	●	●
	位置	坐标	(mm,mm,mm,°)	—	●	●	●
工作站	编号	文本		○	●	●	●
	功能	文本		—	●	●	●
	安装位置	坐标	(mm,mm,mm,°)	—	●	●	●
显示大屏	编号	文本		○	●	●	●
	规格	数值	长×宽	○	●	●	●
	安装位置	坐标	(mm,mm,mm,°)	○	●	●	●
UPS	编号	文本		○	●	●	●
	规格	数值	kva	—	●	●	●
	安装位置	坐标	(mm,mm,mm,°)	—	—	●	●

表 C.4.8.9 监控系统通用构件信息深度等级

构件	属性名称	参数类型	单位/描述/取值范围	信息深度等级			
				N1	N2	N3	N4
弱电桥架	名称	文本		○	●	●	●
	功能	文本		○	●	●	●
	材质	文本		—	●	●	●
	规格	数值	宽度×高度	—	●	●	●
	安装位置	坐标	(mm,mm,mm,°)	—	●	●	●
	数值	数值	m	—	●	●	●
	阻燃耐火等级	文本		—	●	●	●
	截面积	数值	m^2	—	●	●	●
	安装方式	文本		—	●	●	●
弱电配电柜	名称	文本		—	●	●	●
	型号	数值		—	●	●	●
	电压等级	文本	V	—	●	●	●
	功能	文本		—	●	●	●
	安装位置	坐标	(mm,mm,mm,°)	—	●	●	●
	进出线方式	文本		—	●	●	●

C.4.9 综合管廊工艺专业信息深度等级

表 C.4.9.1 综合管廊总体布置信息深度等级

属性名称	参数类型	单位/描述/取值范围	信息深度等级			
			N1	N2	N3	N4
管廊等级定位	文本	干线、支线、缆线	●	●	●	●
与道路位置关系	文本	绿化带、人行道、非机动车道等	●	●	●	●
入廊管线种类	文本	给水、电力、通信等	●	●	●	●
廊外管线种类	文本	雨水、污水、路灯等	●	●	●	●
断面类型	文本	矩形、圆形、马鞍形等	●	●	●	●
标准断面内轮廓尺寸	数值	mm	●	●	●	●
标准断面外轮廓尺寸	数值	mm	●	●	●	●
施工工艺	文本	现浇、预制、顶管等	●	●	●	●
标准段埋深	数值	m	—	●	●	●
最小平面转角	数值	°	—	●	●	●
最大纵坡	数值	%	—	●	●	●
最小纵坡	数值	%	—	●	●	●
最大防火分区距离	数值	m	●	●	●	●
节点井种类	文本	人员出入口、吊装口、进风口等	●	●	●	●

表 C.4.9.2 综合管廊管道支墩信息深度等级

属性名称	参数类型	单位/描述/取值范围	信息深度等级			
			N1	N2	N3	N4
管道分类	文本	给水、中水、燃气等	○	●	●	●
管道材质	文本	球墨铸铁管、钢管、塑料管等	○	●	●	●
管道型号	文本	如 DN300	○	●	●	●
管道外径	数值	mm	—	●	●	●
管道内径	数值	mm	—	●	●	●
外包裹厚度	数值	mm	—	●	●	●
外包裹材质	文本	聚氨酯泡沫塑料等	—	●	●	●
管道介质	文本	水、蒸汽、天然气等	○	●	●	●
压力类型	文本	重力管、压力管	○	●	●	●
管道压力	数值	MPa	—	●	●	●
支墩类型	文本	固定支墩、滑动支墩、导向支座等	—	●	●	●
支墩间距	数值	m	—	●	●	●
支墩高度	数值	m	—	●	●	●
支墩横向宽度	数值	m	—	●	●	●
支墩纵向宽度	数值	m	—	●	●	●
钢筋埋置方式	文本	预埋、植筋	—	—	●	●

表 C.4.9.3　综合管廊缆线支架信息深度等级

属性名称	参数类型	单位/描述/取值范围	信息深度等级			
			N1	N2	N3	N4
缆线分类	文本	电力、通信、自用电力、自用通信	○	●	●	●
缆线排布方式	文本	一字、品字	○	●	●	●
电力缆线电压	数值	kV	○	●	●	●
缆线外径	数值	mm	○	●	●	●
缆线最小转弯半径	数值	m	—	●	●	●
支架类型	文本	抗震支架、普通支架	○	●	●	●
支架样式	文本		—	●	●	●
支架材质	文本		○	●	●	●
支架数值	数值	mm	○	●	●	●
支架竖向间距	数值	mm	○	●	●	●
支架纵向间距	数值	m	—	●	●	●
支架锚固方式	文本	预埋、植筋	—	—	●	●

表 C.4.9.4　综合管廊节点井信息深度等级

属性名称	参数类型	单位/描述/取值范围	信息深度等级			
			N1	N2	N3	N4
节点井名称	文本	人员出入口、吊装口、进风口等	○	●	●	●
节点井功能	文本	人员出入、吊装、进风等	○	●	●	●
出地面高度	数值	mm	—	●	●	●
井盖类型	文本		—	●	●	●
井盖材质	文本		—	●	●	●
格栅类型	文本		—	●	●	●
格栅方格距离	数值	mm	—	—	●	●
盖板类型	文本		—	●	●	●
预制盖板尺寸	数值	mm	—	—	●	●
楼梯类型	文本	钢楼梯、混凝土楼梯	—	●	●	●
楼梯宽度	数值	mm	—	●	●	●

C.4.10 综合管廊入廊市政管线信息深度等级

表 C.4.10.1 综合管廊管线系统总体布置信息深度等级

属性组	分类	属性名称	参数类型	单位/描述/取值范围	信息深度等级			
					N1	N2	N3	N4
重力管道系统	雨水	管径	数值	mm	—	●	●	●
		管材	文本		—	●	●	●
		坡度	数值	%	—	●	●	●
	污水	管径	数值	mm	—	●	●	●
		管材	文本		—	●	●	●
		坡度	数值	%	—	●	●	●
压力管道系统	给水	管径	数值	mm	—	●	●	●
		管材	文本		—	●	●	●
		公称压力	数值	MPa	—	●	●	●
	中水	管径	数值	mm	—	●	●	●
		管材	文本		—	●	●	●
		公称压力	数值	MPa	—	●	●	●
	燃气	压力等级	枚举型	高压、次高、中压、低压燃气管道	—	●	●	●
		管径	数值	mm	—	●	●	●
		管材	文本		—	●	●	●
		介质	文本		—	●	●	●
	热力	管径	数值	mm	—	●	●	●
		管材	文本		—	●	●	●
		公称压力	数值	MPa	—	●	●	●
	雨水	管径	数值	mm	—	●	●	●
		管材	文本		—	●	●	●
		公称压力	数值	MPa	—	●	●	●
	污水	管径	数值	mm	—	●	●	●
		管材	文本		—	●	●	●
		公称压力	数值	MPa	—	●	●	●
缆线管线系统	电力	电压	数值	kV	—	●	●	●
		孔数	文本		—	●	●	●
	通信	孔数	文本		—	●	●	●

表 C.4.10.2 综合管廊入廊市政管线附件信息深度等级

属性组	属性名称	参数类型	单位/描述/取值范围	信息深度等级			
				N1	N2	N3	N4
管道附件（三通、弯头、接头、法兰、套管）	系统	枚举型	雨水、污水、给水、燃气、电力等系统	—	●	●	●
	管中心线定位	坐标	(m,m,m)	—	●	●	●
	角度	数值	°	—	●	●	●
	数值	数值	mm	—	●	●	●
	管径	数值	mm	—	●	●	●
	材质	枚举型		—	●	●	●
	公称压力	数值	MPa	—	●	●	●

C.4.11 预制结构信息深度等级

表 C.4.11.1 混凝土预制结构信息深度等级

属性组	属性名称	参数类型	单位/描述/取值范围	信息深度等级			
				N1	N2	N3	N4
混凝土预制结构	预制构件类型	枚举型	如预制梁、板、柱、墙、隧道管片、管廊等	●	●	●	●
	结构体系	枚举型	如装配整体式剪力墙结构、框架结构等	●	●	●	●
	夹芯板连接形式	枚举型	如 FRP、不锈钢、玄武岩筋连接件等	●	●	●	●
	预制率	数值	%	●	●	●	●
	预应力类型	属性集	详见表 C.4.1.1 中预应力信息	●	●	●	●
	预制构件布置	文本	平面、立面布置	●	●	●	●
	构件编号	文本		●	●	●	●
	尺寸	数值	mm	●	●	●	●
	构件重量	数值	kg	●	●	●	●
	安装位置	坐标	(mm,mm,mm,°)	●	●	●	●
	材料	枚举型	如钢筋、预应力筋、混凝土等	●	●	●	●

续表 C.4.11.1

属性组	属性名称	参数类型	单位/描述/取值范围	信息深度等级			
				N1	N2	N3	N4
预留预埋	组成	枚举型	如预埋线管、预埋件、预埋螺栓、预留孔洞、吊钩等	—	○	●	●
	规格型号	文本		—	○	●	●
	尺寸	数值	mm	—	○	●	●
	位置	坐标	(mm,mm,mm,°)	—	○	●	●
	材料	文本		—	○	●	●
	构造	文本		—	○	●	●
连接节点	组成	枚举型	如连接混凝土、灌浆、钢筋、螺栓、套筒等	—	○	●	●
	编号	文本		—	○	●	●
	尺寸	数值	mm	—	○	●	●
	位置	坐标	(mm,mm,mm,°)	—	○	●	●
	材料	文本		—	○	●	●
	构造	文本		—	○	●	●
	连接形式	枚举型	如灌浆套筒、螺栓连接等	—	○	●	●
加工生产	生产计划	属性集	如加工程量、构件数量、生产备料、生产周期、任务划分等	—	○	●	●
	构件属性	属性集	如构件编码、材料类别、图纸编号等	—	○	●	●
	加工图纸	属性集	如加工说明、预制构件布置图、加工详图和大样图、材料统计表等	—	○	●	●
	部品库	属性集	如预制构件和零件的模型、平面图纸、属性信息等	—	○	●	●

续表 C.4.11.1

属性组	属性名称	参数类型	单位/描述/取值范围	信息深度等级			
				N1	N2	N3	N4
加工生产	加工工序	属性集	如开模、支模、钢筋、预埋件、混凝土浇筑、养护、拆模、表面处理等	—	○	●	●
	加工工艺	属性集	如加工设备控制参数、各类工序参数等	—	○	●	●
	生产管理	属性集	如生产时间、班组、质检、存储、生产信息采集系统和物联网生产管理系统等	—	○	●	●
施工安装	构件验收	属性集	参照表 C.5.1.1	—	—	○	●
	施工工序	属性集		—	—	○	●
	安装工艺	属性集		—	—	○	●
	机械设备	属性集		—	—	○	●

表 C.4.11.2　钢结构预制信息深度等级

属性组	属性名称	参数类型	单位/描述/取值范围	信息深度等级			
				N1	N2	N3	N4
钢结构	结构类型	枚举型	如轻型钢结构、钢框架结构、网架结构等	●	●	●	●
	结构材料	属性集	如钢材型号、牌号、强度等	●	●	●	●
	安全等级	枚举型	一级、二级、三级	●	●	●	●
	焊缝质量等级	枚举型	一级、二级、三级	●	●	●	●
	构件编号	文本		●	●	●	●
	尺寸	数值	mm	●	●	●	●
	位置	坐标	(mm,mm,mm,°)	●	●	●	●
	表面处理	枚举型	如基面处理、除锈、喷涂等	●	●	●	●

续表 C.4.11.2

属性组	属性名称	参数类型	单位/描述/取值范围	信息深度等级			
				N1	N2	N3	N4
预留预埋	组成	枚举型	如预埋管线、孔洞、吊钩、起吊点等	—	○	●	●
	规格型号	文本		—	○	●	●
	尺寸	数值	mm	—	○	●	●
	位置	坐标	(mm,mm,mm,°)	—	○	●	●
	材料	文本		—	○	●	●
	构造	文本		—	○	●	●
连接节点	编号	文本		—	○	●	●
	组成	枚举型	如连接板、加劲板、球铰、支座等	—	○	●	●
	尺寸	数值	mm	—	○	●	●
	位置	坐标	(mm,mm,mm,°)	—	○	●	●
	材料	文本		—	○	●	●
	连接形式	枚举型	如螺栓连接、焊接、铆接等	—	○	●	●
	螺栓属性	属性集	如型号、等级、位置、安装要求等	—	○	●	●
	焊缝属性	属性集	如等级、尺寸、位置、焊接要求等	—	○	●	●
加工生产	生产计划	属性集	如工程量、构件数量、生产备料、材料复验、生产周期、任务划分等	—	○	●	●
	构件属性	属性集	如构件编码、材料类别、图纸编号等	—	○	●	●

续表 C.4.11.2

属性组	属性名称	参数类型	单位/描述/取值范围	信息深度等级			
				N1	N2	N3	N4
加工生产	加工图纸	属性集	如加工说明、构件布置图、加工详图、排版图、大样图、零件图等	—	○	●	●
	部品库	属性集	如钢结构构件和零件的模型、平面图纸、属性信息等	—	○	●	●
	加工工序	属性集	如放样、下料、切割、组立、焊接、矫正、总装、表面处理等	—	○	●	●
	加工工艺	属性集	如加工设备控制参数、各类工序参数等	—	○	●	●
	生产管理	属性集	如生产时间、班组、质检、存储、生产信息采集系统和物联网生产管理系统等	—	○	●	●
施工安装	安装精度	文本		—	—	○	●
	涂装要求	文本	如涂装材料、厚度、工艺等	—	—	○	●
	施工工序	属性集	参照表 C.5.1.1	—	—	○	●
	安装工艺	属性集		—	—	○	●
	机械设备	属性集		—	—	○	●

表 C.4.11.3 机电工程预制信息深度等级

属性组	类别	属性名称	参数类型	单位/描述/取值范围	信息深度等级			
					N1	N2	N3	N4
深化设计	给水排水	系统组成	枚举型	如给水排水和消防管道、管件、阀门、仪表、管道末端(喷淋头等)、卫浴器具、消防器具、机械设备(水箱、水泵、换热器等)、支吊架、检查井、套管、预留预埋、设备基础、减震隔振等	—	—	●	●
	暖通空调	系统组成	枚举型	如风管、管件、末端(百叶等)、管道、管件、阀门、仪表、机械设备(制冷机、锅炉、风机等)、支吊架、检查井、套管、预留预埋、设备基础、减震隔振等	—	—	●	●
	电气工程	系统组成	枚举型	如桥架、线槽、配件、母线、机柜、灯具、末端(烟感等)、机械设备(变压器、配电箱、开关柜、柴油发电机等)、支吊架、检查井、套管、预留预埋、设备基础、减震隔振等	—	—	●	●
	现状市政管线	系统组成	枚举型	如既有设备设施、管线、检查井、连接点等	—	—	●	●

续表 C.4.11.3

属性组	类别	属性名称	参数类型	单位/描述/取值范围	信息深度等级			
					N1	N2	N3	N4
深化设计	属性信息	预制范围	枚举型	如预制风管、管道、支架、构件、泵组、管组等	—	—	●	●
		系统类型	文本		—	—	●	●
		规格型号	文本		—	—	●	●
		尺寸	数值	mm	—	—	●	●
		位置	坐标	(mm,mm,mm,°)	—	—	●	●
		材料	文本		—	—	●	●
		色标	文本	(R,G,B)	—	—	●	●
		工程量	文本		—	—	●	●
		技术参数	文本		—	—	●	●
		连接方式	枚举型	如焊接、抱箍式、插接式、插条式、软管式连接等	—	—	●	●
		安装要求	文本		—	—	●	●
		施工工艺	文本		—	—	●	●
预制加工		生产计划	属性集	如工程量、产品数量、生产备料、材料复验、生产周期、任务划分等	—	—	○	●
		构件属性	属性集	如构件编码、材料类别、图纸编号等	—	—	○	●
		加工图纸	属性集	如加工说明、构件布置图、加工详图、排版图、大样图、零件图等	—	—	○	●
		部品库	属性集	如机电设备、构件、零件、管组、泵组、标准化模块的模型、平面图纸、属性信息等	—	—	○	●

续表 C.4.11.3

属性组	类别	属性名称	参数类型	单位/描述/取值范围	信息深度等级			
					N1	N2	N3	N4
预制加工		加工工序	属性集	如放样、下料、切割、成形、焊接、组装、总装、固定等	—	—	○	●
		加工工艺	属性集	如加工设备控制参数、各类工序参数等	—	—	○	●
		生产管理	属性集	如生产时间、班组、质检、存储、生产信息采集系统和物联网生产管理系统等	—	—	○	●
施工安装		安装精度	文本		—	—	○	●
		涂装要求	文本		—	—	○	●
		施工工序	属性集	详见表 C.5.1.1	—	—	○	●
		机械设备	属性集		—	—	○	●

C.4.12 工程量计算信息深度等级

表 C.4.12.1 工程量计算信息深度等级

属性组	属性名称	参数类型	单位/描述/取值范围	信息深度等级			
				N1	N2	N3	N4
地下工程项目	隧道道路	枚举型	如洞门及明洞开挖和修筑、洞身开挖和衬砌、防水和排水、道路交通设施、通风消防设施等	—	●	●	●
	地下人行通道	枚举型	如工作井、盾构安装和拆除、盾构掘进、管片安装、嵌缝注浆、道路交通设施、通风消防设施等	—	●	●	●
	地下综合体	枚举型	如土方开挖、基坑支护、地下结构、防水和排水、道路交通设施、通风消防设施等	—	●	●	●
	综合管廊	枚举型	如管廊生产和运输、土方开挖、基坑支护、管廊结构、机电管线等	—	●	●	●

续表 C.4.12.1

属性组	属性名称	参数类型	单位/描述/取值范围	信息深度等级			
				N1	N2	N3	N4
临时工程	施工场地布置	枚举型	如生产区、办公区、生活区、围挡隔离、临时道路、临水临电等	—	●	●	●
	施工设备	枚举型	如机械、通风、照明、消防设备等	—	●	●	●
	临时设施	枚举型	如临时桥、脚手架、模板、围护等	—	●	●	●
	安全文明施工	枚举型	如五牌一图、安全文明施工设施等	—	●	●	●
工程量清单	工程量清单项目	文本		—	●	●	●
	清单编码	文本		—	●	●	●
	工程量	枚举型	如工时、台班、重量、体积等	—	●	●	●
	定额单价	枚举型	如元/工时、元/台班、元/吨、元/m^3 等	—	●	●	●
	措施费	数值	元	—	●	●	●
	直接工程费	数值	元	—	●	●	●
	间接费	数值	元	—	●	●	●
	税金	数值	元	—	●	●	●
	总价	数值	元	—	●	●	●
工程建设其他费用	土地征用及拆迁补偿费	枚举型	如土地补偿及安置补助费、拆迁补偿费等	—	●	●	●
	建设项目管理费	枚举型	如建设单位管理费、工程监理费、设计文件审查费、竣(交)工验收试验检测费等	—	●	●	●
	建设项目前期工作费	枚举型	如预可和工可编制费、初步设计和施工图勘察设计费、招标文件和标底编制费用等	—	●	●	●

C.5 施工信息深度等级

C.5.1 施工通用信息深度等级

表 C.5.1.1 施工通用信息深度等级

属性组	属性名称	参数类型	单位/描述/取值范围	信息深度等级			
				N1	N2	N3	N4
工程划分	单位工程名称和编码	文本		—	—	●	●
	分部工程名称和编码	文本		—	—	●	●
	分项工程名称和编码	文本		—	—	●	●
	施工段	文本	可结合沉降缝、伸缩缝等划分	—	—	●	●
	作业面	文本		—	—	●	●
组织架构	组织架构	文本		—	—	●	●
	工作流程	文本		—	—	●	●
	责任单位或部门	枚举型	如建设方、施工方、监理方等	—	—	●	●
	责任人	文本		—	—	●	●
施工组织设计	深化设计计划	文本	包含深化设计内容和时间节点	—	—	●	●
	施工方案	文本		—	—	●	●
	施工场地规划	文本		—	—	●	●
	预制加工计划	文本		—	—	●	●
	进度管理计划	文本		—	—	●	●
	设备和材料管理计划	文本		—	—	●	●
	施工资源计划	文本		—	—	●	●
	成本管理计划	文本		—	—	●	●
	质量管理计划	文本		—	—	●	●
	安全管理计划	文本		—	—	●	●
	风险应急预案	文本		—	—	●	●
	竣工验收和交付	文本		—	—	●	●

续表 C.5.1.1

属性组	属性名称	参数类型	单位/描述/取值范围	信息深度等级			
				N1	N2	N3	N4
施工文档	文档名称	文本		—	—	●	●
	文档类别	枚举型	如施工质量技术、费用支付、合同管理等	—	—	●	●
	文档编码	文本		—	—	●	●
设计文件和设计变更	图纸名称	文本		—	—	●	●
	图纸编号	文本		—	—	●	●
	图纸类型	枚举型	如施工设计图、深化设计图、预制加工图等	—	—	●	●
	变更内容	文本		—	—	●	●
	变更工程量	文本		—	—	●	●
	变更签证	文本		—	—	●	●
	深化设计方	文本		—	—	●	●
	审核批准方	文本		—	—	●	●
施工时间	计划开始时间	时间		—	—	●	●
	计划结束时间	时间		—	—	●	●
	实际开始时间	时间		—	—	●	●
	实际结束时间	时间		—	—	●	●
施工方法	施工工法	枚举型	SMW、伸缩缝浇筑等工法	—	—	●	●
	施工工艺	枚举型	装配、防火等工艺	—	—	●	●
	施工工序	枚举型	施工准备、放样、基础施工等	—	—	●	●
工作任务	工作任务名称	文本		—	—	●	●
	工作任务编码	文本		—	—	●	●
	工程量	数值		—	—	●	●
	资源配置	文本		—	—	●	●

续表 C.5.1.1

属性组	属性名称	参数类型	单位/描述/取值范围	信息深度等级			
				N1	N2	N3	N4
人工	人工工种	枚举型	木工、钢筋工、混凝土工等	—	—	●	●
	人工数量	数值		—	—	●	●
	人工编码	文本		—	—	●	●
施工机械	种类名称	枚举型	挖土车、混凝土泵车等	—	—	●	●
	机械数量	数值		—	—	●	●
	机械编码	文本		—	—	●	●
	运输和运行路径	坐标		—	—	●	●
	进场时间	时间		—	—	●	●
	持续时间	时间		—	—	●	●
	台班费用	数值		—	—	●	●
	供应方	文本		—	—	●	●
材料	种类名称	枚举型	钢筋、混凝土、管片等	—	—	●	●
	规格型号	文本		—	—	●	●
	价格	数值		—	—	●	●
	消耗量定额	数值		—	—	●	●
	材料数量	数值		—	—	●	●
	施工方式	文本		—	—	●	●
	施工要求	文本		—	—	●	●
	质量等级	文本		—	—	●	●
	临时措施	文本		—	—	●	●
	材料编码	文本		—	—	●	●
	进场时间	时间		—	—	●	●
	库存	文本		—	—	●	●
	采购费用	数值		—	—	●	●
	供应方	文本		—	—	●	●

续表 C.5.1.1

属性组	属性名称	参数类型	单位/描述/取值范围	信息深度等级			
				N1	N2	N3	N4
构件	种类名称	枚举型	车道板、墙、梁、柱等	—	—	●	●
	规格型号	文本		—	—	●	●
	价格	数值		—	—	●	●
	消耗量定额	数值		—	—	●	●
	构件数量	数值		—	—	●	●
	施工方式	枚举型	现浇、预制等	—	—	●	●
	施工要求	文本		—	—	●	●
	质量等级	文本		—	—	●	●
	临时措施	文本		—	—	●	●
	材料编码	文本		—	—	●	●
	进场时间	时间		—	—	●	●
	库存	文本		—	—	●	●
	采购费用	数值		—	—	●	●
	供应方	文本		—	—	●	●
设备	种类名称	枚举型	起吊设备、钻孔设备等	—	—	●	●
	规格型号	文本		—	—	●	●
	价格	数值	元	—	—	●	●
	消耗量定额	数值		—	—	●	●
	台数	数值	台	—	—	●	●
	施工方式	文本		—	—	●	●
	安装要求	文本		—	—	●	●
	质量等级	文本		—	—	●	●
	临时措施	文本		—	—	●	●
	设备编码	文本		—	—	●	●
	进场时间	时间		—	—	●	●
	库存	文本		—	—	●	●
	采购费用	数值	元	—	—	●	●
	供应方	文本		—	—	●	●

续表 C.5.1.1

属性组	属性名称	参数类型	单位/描述/取值范围	信息深度等级			
				N1	N2	N3	N4
钢筋加工	型号	枚举型	热轧光圆钢筋、预热处理钢筋等	—	—	●	●
	数量	数值		—	—	●	●
	钢筋形状	枚举型	光圆钢筋、带肋钢筋等	—	—	●	●
	下料数值	数值	kg	—	—	●	●
	角度	数值	°	—	—	●	●
	重量	数值	kg	—	—	●	●
	部位	文本		—	—	●	●
	编号	文本		—	—	●	●
模板加工	型号	枚举型	钢模板、木模板等	—	—	●	●
	数量	数值	m^2	—	—	●	●
	边长	数值	m	—	—	●	●
	角度	数值	°	—	—	●	●
	重量	数值	kg	—	—	●	●
	部位	文本		—	—	●	●
	编号	文本		—	—	●	●

C.5.2 临时工程信息深度等级

表 C.5.2.1 施工场地布置信息深度等级

属性组	属性名称	参数类型	单位/描述/取值范围	信息深度等级			
				N1	N2	N3	N4
生产区	组成	枚举型	如施工、加工区域以及堆场库房等	—	—	●	●
	位置	坐标	(m,m,m,°)	—	—	●	●
	面积	数值	m²	—	—	●	●
	材料	枚举型	钢筋、预制件等	—	—	●	●
	工程量	数值	kg	—	—	●	●
办公区	组成	枚举型	如办公、会议室等	—	—	●	●
	位置	坐标		—	—	●	●
	面积	数值	m²	—	—	●	●
生活区	组成	枚举型	如住宿、食堂、活动室等	—	—	●	●
	位置	坐标		—	—	●	●
	面积	数值	m²	—	—	●	●
围挡隔离	组成	枚举型	如围墙、隔离栏、防护栏、出入口、门禁等	—	—	●	●
	位置	坐标		—	—	●	●
	面积	数值	m²	—	—	●	●
	材料	枚举型	金属、塑料等	—	—	●	●
	安全距离	数值	m	—	—	●	●
临时道路	组成	枚举型	如路基、路面、路肩、排水沟等	—	—	●	●
	位置	坐标		—	—	●	●
	宽度	数值	m	—	—	●	●
	横坡	数值	%	—	—	●	●
	纵断高程	数值	m	—	—	●	●
	压实度	数值	%	—	—	●	●
	边坡坡度	数值	%	—	—	●	●
	路面材料	枚举型	沥青混凝土、沥青等	—	—	●	●
	工程量	数值	m³	—	—	●	●
临水临电	组成	枚举型	如水管、阀门、水泵、水池、电气配管、电箱等	—	—	●	●
	规格型号	文本		—	—	●	●
	安装位置	坐标		—	—	●	●
	技术参数	文本		—	—	●	●
	安全要求	文本		—	—	●	●

表 C.5.2.2 施工设备信息深度等级

属性组	属性名称	参数类型	单位/描述/取值范围	信息深度等级			
				N1	N2	N3	N4
机械设备	类型	枚举型	如盾构机、顶管机、挖土机、运输车辆、吊机、龙门吊、电梯等	—	—	○	●
	规格型号	文本		—	—	○	●
	尺寸	数值	mm	—	—	○	●
	重量	数值	kg	—	—	○	●
	功率	数值	kW	—	—	○	●
	安装位置	坐标		—	—	○	●
	运行轨迹	数据表		—	—	○	●
	活动半径	数值	m	—	—	○	●
	安全距离	数值	m	—	—	○	●
	技术参数	文本		—	—	○	●
通风设备	规格型号	文本		—	—	○	●
	尺寸	数值	mm	—	—	○	●
	安装位置	坐标		—	—	○	●
	设备数量	数值		—	—	○	●
	管道直径	数值	mm	—	—	○	●
	管道材料	枚举型	如 PVC 管	—	—	○	●
	技术参数	文本		—	—	○	●
照明设备	规格型号	文本		—	—	○	●
	尺寸	数值	mm	—	—	○	●
	安装位置	坐标		—	—	○	●
	灯具数量	数值		—	—	○	●
	功率	数值	kW	—	—	○	●
	技术参数	文本		—	—	○	●

续表 C.5.2.2

属性组	属性名称	参数类型	单位/描述/取值范围	信息深度等级			
				N1	N2	N3	N4
消防设备	规格型号	文本		—	—	○	●
	尺寸	数值	mm	—	—	○	●
	安装位置	坐标		—	—	○	●
	数量	数值		—	—	○	●
	管道直径	数值	mm	—	—	○	●
	管道材料	枚举型	如铸铁管、钢管等	—	—	○	●
	技术参数	文本		—	—	○	●

表 C.5.2.3 临时设施信息深度等级

属性组	属性名称	参数类型	单位/描述/取值范围	信息深度等级			
				N1	N2	N3	N4
临时桥	类型	枚举型	如钢栈桥、钢索桥、混凝土梁式桥、混凝土拱式桥等	—	—	○	●
	宽度	数值	mm	—	—	○	●
	长度	数值	mm	—	—	○	●
	纵断高程	数值	m	—	—	○	●
	材料	枚举型	如混凝土、钢材等	—	—	○	●
	工程量	数值		—	—	○	●
	承载能力	数值		—	—	○	●
脚手架	类型	枚举型	如钢支架、盘扣式、碗扣式、门型、方塔式、附着式升降脚手架及悬吊式脚手架等	—	—	○	●
	组成	枚举型	如垫板、架体、楼梯、步道、栏杆、防护网等	—	—	○	●
	规格型号	文本		—	—	○	●

续表 C.5.2.3

属性组	属性名称	参数类型	单位/描述/取值范围	信息深度等级			
				N1	N2	N3	N4
脚手架	重量	数值	kg	—	—	○	●
	材料	枚举型		—	—	○	●
	步距	数值	m	—	—	○	●
	跨距	数值	m	—	—	○	●
	高度	数值	m	—	—	○	●
	工程量	数值		—	—	○	●
	承载能力	数值		—	—	○	●
	安全检查记录	文本		—	—	○	●
模板	类型	枚举型	如木模板、钢木模板、钢模板、钢竹模板、胶合板模板、塑料模板、玻璃钢模板、铝合金模板等	—	—	○	●
	材料	枚举型	如木方、拉杆、螺栓、隔离剂等	—	—	○	●
	规格型号	文本		—	—	○	●
	面积	数值	m^2	—	—	○	●
	工程量	数值		—	—	○	●
	平整度	数值		—	—	○	●
	质量检查记录	文本		—	—	○	●
围护	类型	枚举型	如钢板桩、地下连续墙、灌注桩、混凝土支撑、钢管支撑等	—	—	○	●
	组成	枚举型	如围护结构、支撑结构、防水结构等	—	—	○	●
	规格型号	枚举型		—	—	○	●
	断面尺寸	数值	mm	—	—	○	●
	长度	数值	m	—	—	○	●
	高程	数值	m	—	—	○	●
	坡度	数值	%	—	—	○	●
	材料	枚举型	混凝土、钢结构等	—	—	○	●
	强度	数值	MPa	—	—	○	●
	工程量	数值		—	—	○	●
	垂直度	数值	mm	—	—	○	●
	稳定性	文本		—	—	○	●
	变形位移	数值	mm	—	—	○	●

表 C.5.2.4 安全文明施工信息深度等级

属性组	属性名称	参数类型	单位/描述/取值范围	信息深度等级			
				N1	N2	N3	N4
五牌一图	组成	枚举型	如工程概况牌、安全生产制度牌、文明施工制度牌、环境保护制度牌、消防保卫制度牌、施工现场平面布置图等	—	—	○	●
	位置	坐标		—	—	○	●
	长度	数值	mm	—	—	○	●
	高度	数值	mm	—	—	○	●
	颜色	枚举型	(R,G,B)	—	—	○	●
	材料	文本		—	—	○	●
	工程量	数值		—	—	○	●
安全文明施工设施	组成	枚举型	如安全平台、安全通道、疏散通道、防火防电防坠设施、安全标志、移动卫生间、休息亭、企业形象展示等	—	—	○	●
	位置	坐标		—	—	○	●
	规格型号	枚举型		—	—	○	●
	长度	数值	mm	—	—	○	●
	高度	数值	mm	—	—	○	●
	颜色	枚举型	(R,G,B)	—	—	○	●
	材料	枚举型		—	—	○	●
	工程量	数值		—	—	○	●

C.5.3 施工管理信息深度等级

表 C.5.3.1 进度管理信息深度等级

属性组	属性名称	参数类型	单位/描述/取值范围	信息深度等级			
				N1	N2	N3	N4
工作分解结构	项目定义	文本		—	—	●	●
	任务定义	文本		—	—	●	●
	工作定义	文本		—	—	●	●
	项目内容	文本		—	—	●	●
	任务内容	文本		—	—	●	●
	工作内容	文本		—	—	●	●
	树状层级结构	文本		—	—	●	●
	逻辑关系	文本		—	—	●	●
时间进度	关键路线	文本		—	—	●	●
	里程碑节点	文本		—	—	●	●
	关键节点	文本		—	—	●	●
	最早开始时间	时间	年/月/日	—	—	●	●
	最迟开始时间	时间	年/月/日	—	—	●	●
	计划开始时间	时间	年/月/日	—	—	●	●
	最早完成时间	时间	年/月/日	—	—	●	●
	最迟完成时间	时间	年/月/日	—	—	●	●
	计划完成时间	时间	年/月/日	—	—	●	●
	任务完成所需时间	数值	日	—	—	●	●
	允许浮动时间	数值	日	—	—	●	●
	已完成工作百分占比	数值	%	—	—	●	●

续表 C.5.3.1

属性组	属性名称	参数类型	单位/描述/取值范围	信息深度等级			
				N1	N2	N3	N4
施工资源	人力资源	属性集	如人工工种、数量等。信息深度等级参照表 C.5.1.1 要求	—	—	○	●
	施工机械	属性集	如机械种类、数量等。信息深度等级参照表 C.5.1.1 要求	—	—	○	●
	材料物资	属性集	如材料种类、数量等。信息深度等级参照表 C.5.1.1 要求	—	—	○	●
实际进度	实际开始时间	时间	年/月/日	—	—	○	●
	实际完成时间	时间	年/月/日	—	—	○	●
	实际需要时间	时间	日	—	—	○	●
	剩余时间	时间	日	—	—	○	●
进度控制	进度时差	时间	日	—	—	●	●
	进度预警	文本		—	—	●	●
	进度调整	文本		—	—	●	●

表 C.5.3.2　预算和成本管理信息深度等级

属性组	属性名称	参数类型	单位/描述/取值范围	信息深度等级			
				N1	N2	N3	N4
工程量清单	工程量清单项目名称	枚举型		—	—	○	●
	工程量清单项编码	文本		—	—	○	●
	清单项工程量	文本	如人工、施工机具、材料等	—	—	○	●
	清单项综合单价	数值		—	—	○	●
	预算成本	数值	元	—	—	○	●
	定额项名称	文本		—	—	○	●
	定额项编码	文本		—	—	○	●
	定额项单价	枚举型	如元/工时、元/台班、元/t、元/m^3 等	—	—	○	●
	措施费	数值	元	—	—	○	●
	规费	数值	元	—	—	○	●
	税金	数值	元	—	—	○	●
	利润	数值	元	—	—	○	●
	总造价	数值	元	—	—	○	●
地下工程项目	临时工程	枚举型	如临时道路、桥梁、加工场、施工场地布置等。信息深度等级参照表 C.5.2.1 要求	—	—	○	●
	隧道道路	枚举型	如洞门及明洞开挖和修筑、洞身开挖和衬砌、防水和排水、道路交通设施、通风消防设施等。信息深度等级参照表 C.4.1.1～表 C.4.10.2 要求	—	—	○	●

续表 C.5.3.2

属性组	属性名称	参数类型	单位/描述/取值范围	信息深度等级			
				N1	N2	N3	N4
地下工程项目	地下人行通道	枚举型	如工作井、盾构安装和拆除、盾构掘进、管片安装、嵌缝注浆、道路交通设施、通风消防设施等。信息深度等级参照表 C.4.1.1～表 C.4.10.2要求	—	—	○	●
	地下综合体	枚举型	如土方开挖、基坑支护、地下结构、防水和排水、道路交通设施、通风消防设施等。信息深度等级参照表 C.4.1.1～表 C.4.10.2要求	—	—	○	●
	综合管廊	枚举型	如管廊生产和运输、土方开挖、基坑支护、管廊结构、机电管线等。信息深度等级参照表 C.4.1.1～表 C.4.10.2要求	—	—	○	●
施工设备及工具、器具	机械设备	枚举型	如盾构机、龙门式起重机、轨道平车等	—	—	○	●
	通风设备	枚举型	如通风机和管道等	—	—	○	●
	照明设备	枚举型	如照明灯具等	—	—	○	●
	消防设备	枚举型	如消火栓、灭火器等	—	—	○	●

续表 C.5.3.2

属性组	属性名称	参数类型	单位/描述/取值范围	信息深度等级			
				N1	N2	N3	N4
成本管理	成本计划	文本		—	—	○	●
	施工任务	文本		—	—	○	●
	时间进度	文本		—	—	○	●
	合同预算成本	文本		—	—	○	●
	施工预算成本	文本		—	—	○	●
	实际成本	文本		—	—	○	●
	成本分析	文本		—	—	○	●

表 C.5.3.3　质量管理信息深度等级

属性组	属性名称	参数类型	单位/描述/取值范围	信息深度等级			
				N1	N2	N3	N4
质量管理计划	质量检验项名称	文本		—	—	○	●
	验收时间	时间	年/月/日	—	—	○	●
	组织和参与方	文本		—	—	○	●
质量检验	质量检验标准值	文本		—	—	○	●
	质量检验实际值	文本		—	—	○	●
	质量检验文档	文本	如检验报告、试验报告、合格证、施工记录、检查和验收记录、隐蔽工程验收记录、质量验收报告等	—	—	○	●
质量问题调查	质量问题描述	文本		—	—	○	●
	重要性等级	文本		—	—	○	●
	问题成因	文本		—	—	○	●
	责任单位	枚举型		—	—	○	●
	质量问题调查报告	文本		—	—	○	●

表 C.5.3.4　安全管理信息深度等级

属性组	属性名称	参数类型	单位/描述/取值范围	信息深度等级			
				N1	N2	N3	N4
安全管理对象	安全风险源	枚举型	包括危险源、临时工程、安全文明施工等，如安全网、防护栏杆、安全平台、安全通道、疏散通道、防火防电设施、隔离措施、安全标志等。信息深度等级参照表 C.5.2.1～表 C.5.2.4 要求	—	—	○	●
安全管理计划	安全检查项名称	文本		—	—	○	●
	安全检查时间	时间	年/月/日	—	—	○	●
安全管理	安全检查标准值	文本		—	—	○	●
	安全检查实际值	文本		—	—	○	●
	安全作业要求	文本		—	—	○	●
	职业健康管理	文本		—	—	○	●
	安全管理文档	文本	如安全生产责任制执行、施工组织设计和专项施工方案批准和实施、安全技术交底、安全教育、安全检查、安全事故处理、应急预案制定等	—	—	○	●
安全风险源	风险类型	文本		—	—	○	●
	风险评价	文本		—	—	○	●
	风险控制	文本		—	—	○	●
	风险级别	文本		—	—	○	●
	风险预警	文本		—	—	○	●
安全事故调查	事故描述	文本		—	—	○	●
	重要性等级	文本		—	—	○	●
	责任单位	文本		—	—	○	●
	安全事故调查报告	文本		—	—	○	●

表 C.5.3.5 竣工验收和交付信息深度等级

属性组	属性名称	参数类型	单位/描述/取值范围	信息深度等级			
				N1	N2	N3	N4
竣工	竣工图	文本		—	—	—	●
	设备设施档案	文本		—	—	—	●
	操作手册	文本		—	—	—	●
	调试记录	文本		—	—	—	●
	维修服务手册	文本		—	—	—	●
竣工验收和交付	竣工报告	文本		—	—	—	●
	竣工质量评估报告	文本		—	—	—	●
	质量检查报告	文本		—	—	—	●
	工程竣工报告	文本		—	—	—	●
	验收方案	文本		—	—	—	●
	竣工验收意见书	文本		—	—	—	●
	竣工验收报告	文本		—	—	—	●
	保修合同	文本		—	—	—	●
	竣工图	文本		—	—	—	●
	交付手续	文本		—	—	—	●

C.6 运维信息深度等级

表 C.6.0.1 运维通用信息深度等级

属性组	属性名称	参数类型	单位/描述/取值范围	信息深度等级			
				N1	N2	N3	N4
建筑结构	构件编号	文本		—	—	○	●
	资产属性	文本		—	—	○	●
	管理单位	文本		—	—	○	●
	权属单位	文本		—	—	○	●
	维护周期	时间	年、月、日	—	—	○	●
	维护方法	文本		—	—	○	●
	维护单位	文本		—	—	○	●
	保修期	文本		—	—	○	●
	安装时间	时间	年/月/日	—	—	○	●
	使用寿命	时间	年、月、日	—	—	○	●
	生产厂家	文本		—	—	○	●
	说明手册	文本		—	—	○	●
	维护资料	文本		—	—	○	●
机电设备	系统编号	文本		—	—	○	●
	组成设备	文本		—	—	○	●
	设备编号	文本		—	—	○	●
	所属系统	文本		—	—	○	●
	使用环境	文本		—	—	○	●
	使用条件	文本		—	—	○	●
	资产属性	文本		—	—	○	●
	管理单位	文本		—	—	○	●
	权属单位	文本		—	—	○	●

续表 C.6.0.1

属性组	属性名称	参数类型	单位/描述/取值范围	信息深度等级			
				N1	N2	N3	N4
机电设备	维护周期	时间	年、月、日	—	—	○	●
	维护方法	文本		—	—	○	●
	维护单位	文本		—	—	○	●
	保修期	时间	年、月、日	—	—	○	●
	使用寿命	时间	年、月、日	—	—	○	●
	使用手册	文本		—	—	○	●
	说明手册	文本		—	—	○	●
	维护资料	文本		—	—	○	●
运维管理系统	功能模块	文本		—	—	○	●
	数据格式	文本		—	—	○	●
	平台接口	文本		—	—	○	●
	数据采集	文本		—	—	○	●
	数据传输	文本		—	—	○	●
	数据集成	文本		—	—	○	●
	硬件组成	文本		—	—	○	●
	系统说明书	文本		—	—	○	●

表 C.6.0.2　养护管理模型信息深度等级

属性组	属性名称	参数类型	单位/描述/取值范围	信息深度等级			
				N1	N2	N3	N4
设备设施和构件养护信息	型号规格	文本		—	—	○	●
	设备编码	文本		—	—	○	●
	养护记录	枚举型	损坏、老化、更新、替换、保修等	—	—	○	●
	生产厂商	文本		—	—	○	●
	采购成本	文本		—	—	○	●
养护计划和方案信息	养护范围	文本		—	—	○	●
	养护周期	时间	年、月、日	—	—	○	●
	养护时间	时间	年/月/日	—	—	○	●
	养护方案	文本		—	—	○	●
	养护提醒	文本		—	—	○	●
	养护后评价	文本		—	—	○	●
养护记录信息	养护时间	时间	年/月/日	—	—	○	●
	养护内容	枚举型	综合巡查、保养维护、维修更换	—	—	○	●
	资源耗费	文本		—	—	○	●
	养护成本	文本	元	—	—	○	●
	养护验收	文本		—	—	○	●
	养护后评价	文本		—	—	○	●

表 C.6.0.3 应急管理模型信息深度等级

属性组	属性名称	参数类型	单位/描述/取值范围	信息深度等级			
				N1	N2	N3	N4
应急预案	事件类型	枚举型	自然灾害、事故灾难等	—	—	○	●
	事件位置	坐标		—	—	○	●
	预警等级	枚举型	Ⅰ级、Ⅱ级、Ⅲ级、Ⅳ级	—	—	○	●
	应急响应方案	文本		—	—	○	●
	自动报警	文本		—	—	○	●
	应急设备设施	文本		—	—	○	●
	人员疏散路线	数据表		—	—	○	●
	救援路径	数据表		—	—	○	●
	车辆行驶路线	数据表		—	—	○	●
	责任人	枚举型		—	—	○	●
监测、通信、报警系统	系统组成	枚举型	如烟气感应器、温度感应器、摄像头、报警、广播、屏幕等	—	—	○	●
	设备名称	文本		—	—	○	●
	规格型号	文本		—	—	○	●
	编号	文本		—	—	○	●
	颜色	枚举型	(R,G,B)	—	—	○	●
	安装位置	坐标		—	—	○	●
	系统集成和关联	文本		—	—	○	●

表 C.6.0.4　资产管理模型信息深度等级

属性组	属性名称	参数类型	单位/描述/取值范围	信息深度等级			
				N1	N2	N3	N4
资产属性信息	资产名称	文本		—	—	○	●
	资产类别	文本		—	—	○	●
	资产编码	文本		—	—	○	●
	资产价值	文本	元	—	—	○	●
	资产采购	文本		—	—	○	●
	资产位置	坐标		—	—	○	●
	所属空间	文本		—	—	○	●
	面积	数值	m^2	—	—	○	●
	使用和租赁状态	文本		—	—	○	●
	维护周期和状态	文本		—	—	○	●

表 C.6.0.5　设备集成与监控模型信息深度等级

属性组	属性名称	参数类型	单位/描述/取值范围	信息深度等级			
				N1	N2	N3	N4
设备设施属性信息	设备设施名称	文本		—	—	○	●
	类别	文本		—	—	○	●
	系统	文本		—	—	○	●
	型号	文本		—	—	○	●
	编码	文本		—	—	○	●
	位置	坐标		—	—	○	●
	运行参数	文本		—	—	○	●
	维护周期	时间	年、月、日	—	—	○	●
监测和报警信息	监测数据	数值		—	—	○	●
	预警阈值	数值		—	—	○	●
	监测数据采集、传输、存储和集成技术参数	文本		—	—	○	●

本标准用词说明

1 为便于在执行本标准条文时区别对待，对要求严格程度不同的用词说明如下：

1） 表示很严格，非这样做不可的用词：
正面词采用“必须”；
反面词采用“严禁”。

2） 表示严格，在正常情况均应这样做的用词：
正面词采用“应”；
反面词采用“不应”或“不得”。

3） 表示允许稍有选择，在条件许可时首先应这样做的用词：
正面词采用“宜”；
反面词采用“不宜”。

4） 表示有选择，在一定条件下可以这样做的用词，采用“可”。

2 条文中指明应按其他有关标准、规范执行的写法为“应按……执行”或“应符合……的规定”。

引用标准名录

1 《信息分类和编码的基本原则方法》GB/T 7027
2 《建筑信息模型分类和编码标准》GB/T 51269
3 《建筑信息模型设计交付标准》GB/T 51301
4 《建筑信息模型应用统一标准》GB/T 51212
5 《建筑信息模型施工应用标准》GB/T 51269
6 《建筑信息模型应用标准》DG/TJ 08－2201

上海市工程建设规范

市政地下空间建筑信息模型应用标准

DG/TJ 08－2311－2019

J 15030－2020

条文说明

2020　上海

目　次

1　总　则 ………………………………………………………… 243
2　术　语 ………………………………………………………… 244
3　基本规定 ……………………………………………………… 245
4　模型创建 ……………………………………………………… 246
4.1　一般规定 …………………………………………………… 246
4.2　模型单元 …………………………………………………… 246
4.3　精细度等级 ………………………………………………… 249
5　模型管理 ……………………………………………………… 251
5.2　模型质量 …………………………………………………… 251
5.4　管理要求 …………………………………………………… 251
6　信息管理 ……………………………………………………… 252
6.3　信息共享 …………………………………………………… 252
7　协同工作 ……………………………………………………… 253
7.3　统一命名 …………………………………………………… 253
8　主要应用 ……………………………………………………… 256
8.2　模型应用 …………………………………………………… 256
9　规划方案阶段应用 …………………………………………… 257
9.1　场地仿真分析 ……………………………………………… 257
9.2　交通仿真模拟 ……………………………………………… 257
9.3　突发事件模拟 ……………………………………………… 257
9.4　规划方案比选 ……………………………………………… 257
9.5　虚拟仿真漫游 ……………………………………………… 257
10　初步设计阶段应用 ………………………………………… 263
10.1　交通标志标线仿真 ……………………………………… 263

10.2 管线搬迁模拟 …………………………………………… 263
10.3 道路翻交模拟 …………………………………………… 263
11 施工图设计阶段应用 …………………………………… 267
11.1 管线综合与碰撞检查 ………………………………… 267
11.2 工程量复核 ……………………………………………… 267
11.3 装修效果仿真 …………………………………………… 267
12 施工图深化设计阶段应用 ……………………………… 271
12.1 机电管线深化设计 ………………………………… 271
12.2 预制混凝土构件深化设计 ………………………… 271
13 施工准备阶段应用 ……………………………………… 274
13.1 施工场地规划 …………………………………………… 274
13.2 预制构件大型设备运输和安装模拟 ……………… 274
13.3 施工方案模拟 …………………………………………… 274
14 施工阶段应用 …………………………………………… 278
14.1 预制混凝土构件加工 ……………………………… 278
14.2 设备和材料管理 ……………………………………… 278
14.3 进度管理 ………………………………………………… 278
14.4 成本管理 ………………………………………………… 278
14.5 质量管理 ………………………………………………… 278
14.6 安全管理 ………………………………………………… 278
14.7 竣工验收和交付 ……………………………………… 279
15 运维阶段应用 …………………………………………… 287
15.2 维护管理 ………………………………………………… 287
15.3 应急管理 ………………………………………………… 287
15.4 资产管理 ………………………………………………… 287
15.5 设备集成与监控 ……………………………………… 287

Contents

1 General provisions ········· 243
2 Terms ········· 244
3 Basic requirements ········· 245
4 Model creation ········· 246
4.1 General requirements ········· 246
4.2 Model unit ········· 246
4.3 Level of development ········· 249
5 Model management ········· 251
5.2 Model quality ········· 251
5.4 Management requirements ········· 251
6 Data management ········· 252
6.3 Data sharing ········· 252
7 Collaborative working ········· 253
7.3 Uniform naming ········· 253
8 Main Application ········· 256
8.2 Model application ········· 256
9 Schematic design phase ········· 257
9.1 Site simulation analysis ········· 257
9.2 Traffic simulation ········· 257
9.3 Incident simulation ········· 257
9.4 Planning schematic design comparison ········· 257
9.5 Virtual simulation roaming ········· 257
10 Preliminary design phase ········· 263
10.1 Traffic sign and marking simulation ········· 263

10.2 Pipeline transformation simulation ……………… 263
10.3 Roads turnover simulation ………………………… 263
11 Design phase for construction documents …………… 267
11.1 Comprehension and collision detection for MEP …………………………………………………… 267
11.2 Engineering quantity review ……………………… 267
11.3 Decoration effect simulation ……………………… 267
12 Detailed design phase for construction documents …… 271
12.1 MEP detail design …………………………………… 271
12.2 Prefabricated concrete component detail design …………………………………………………… 271
13 Construction preparation phase ………………………… 274
13.1 Construction site planning ………………………… 274
13.2 Transportation and installation simulation of large equipment for prefabricated component ………… 274
13.3 Construction plan simulation ……………………… 274
14 Construction phase ………………………………………… 278
14.1 Precast concrete component processing ………… 278
14.2 Equipment and materials management …………… 278
14.3 Schedule management ……………………………… 278
14.4 Cost management …………………………………… 278
14.5 Quality management ………………………………… 278
14.6 Safety management ………………………………… 278
14.7 Completion acceptance and delivery ……………… 279
15 Operation and maintenance phase ……………………… 287
15.2 Maintenance management ………………………… 287
15.3 Emergency management …………………………… 287
15.4 Asset management …………………………………… 287
15.5 Equipment integration and monitoring …………… 287

1 总 则

1.0.1 2016年，住房和城乡建设部《住房城乡建设事业“十三五”规划纲要》《2016－2020年建筑信息化发展纲要》都提出了要推进建筑信息模型(BIM)的应用。2017年，国务院办公厅《国务院办公厅关于促进建筑业持续健康发展的意见》(国办发〔2017〕19号)提出“加快推进建筑信息模型(BIM)技术在规划、勘察、设计、施工和运营维护全过程的集成应用，实现工程建设项目全生命周期数据共享和信息化管理，为项目方案优化和科学决策提供依据，促进建筑业提质增效”。2017年4月，上海市《关于进一步加强上海市建筑信息模型技术推广应用的通知》(沪建管联〔2017〕326号)明确了自2017年6月1日起，规模以上项目应当用BIM技术，并在建设监管过程中对建设工程应用BIM技术的情况予以把关。

由于缺少统一的应用标准约束，目前行业内相关企业的模型设计标准不统一，模型应用范围、内容及深度各异，容易产生模型信息不全、模型信息无法使用、模型信息无法共享、无法协同等问题，造成资源浪费的同时，也影响了BIM价值的发挥。

本标准遵循国家BIM标准的原则和规定，是上海市BIM标准体系的组成部分，是BIM技术在上海市市政地下空间领域的具体应用，在技术规定上与国家和上海市的BIM标准相协调。

本标准是对市政地下空间工程在设计、施工和运维管理阶段BIM技术应用的规范化，从现阶段可实现应用的基本原则和要求出发，未来随着技术的发展和行业项目应用实践，模型应用的范围和深度也将进一步扩大。

1.0.2 本条规定了标准适用范围是市政地下空间领域，涉及其他地下空间应参照其他相关标准。

2 术 语

2.0.15 本标准有关信息深度的定义和规定与现行国家标准《建筑信息模型设计交付标准》GB/T 51301 保持衔接和统一,分级和总体描述是一致的,本标准的信息深度是在市政地下空间工程领域的具体化和细化。具体地,现行国家标准《建筑信息模型设计交付标准》GB/T 51301 信息深度分为 N1～N4 等级,依次逐级丰富,包括表述身份和项目信息等信息(N1)、实体组成与性能等信息(N2,包含和补充 N1)、生产安装信息(N3,包含和补充 N2)、资产与维护等信息(N4,包含和补充 N3);本标准将该信息深度进一步具体化,规定的信息深度包括环境场地数据(N1)、设计数据(N2)、施工数据(N3)、竣工与运维数据(N4),且对每个信息深度等级明确了针对市政地下空间工程的信息内涵和应用范围,具体规定详见第 6.2.3 条。

3 基本规定

3.0.1 BIM应用方案一般包括以下内容：①工程概况；②编制依据；③预期目标和效益；④应用内容和范围；⑤项目人员组织架构和职责；⑥工作流程；⑦模型创建、使用和管理要求；⑧信息交换要求；⑨质量和进度控制；⑩成果交付要求；⑪软硬件基础条件。

3.0.3 与全生命周期各阶段对应，各阶段根据工程要求建立阶段模型，包括规划方案模型、初步设计模型、施工图设计模型、施工图深化设计模型、施工准备模型、施工模型、运维模型。确有必要时，初步设计模型、施工图设计模型、施工图深化设计模型可统一为“设计模型”。

4 模型创建

4.1 一般规定

4.1.1 地下空间工程按工程阶段划分为勘察设计阶段、施工建造阶段以及运维管理阶段。其中,勘察设计阶段又可划分为勘察、方案设计、初步设计、施工图设计阶段、施工图深化设计阶段;施工建造阶段包括施工准备阶段、施工阶段、竣工交付阶段;各阶段进行模型应用后形成相应阶段的模型。后一阶段模型宜在上一阶段模型的基础上进行创建。

4.2 模型单元

4.2.1 模型单元是建筑信息模型中承载建筑信息的实体及其相关属性的集合,是信息输入、交付和管理的基本对象。模型单元由实体和属性组成。以隧道工程为例,其模型应由模型单元组成,隧道工程模型单元的等级划分参见表1。

表1 隧道工程模型单元等级划分

模型单元等级	模型单元用途
项目级模型单元	承载隧道工程项目、子项目、局部的项目信息
功能级模型单元	承载隧道工程中专业组合模型、单专业模型、单功能模块的空间和技术信息
构件级模型单元	承载隧道工程中单一的构配件或产品的属性和过程信息
零件级模型单元	承载从属于隧道工程中构配件或产品的组成零件的属性和施工或安装信息

模型单元的建立、传输、交付和解读应包含模型单元的系统分类。以隧道工程为例，其模型单元组成关系如图1所示。隧道工程项目的系统可按项目级模型单元、功能级模型单元、构件级模型单元以及零件级模型单元进行分类。

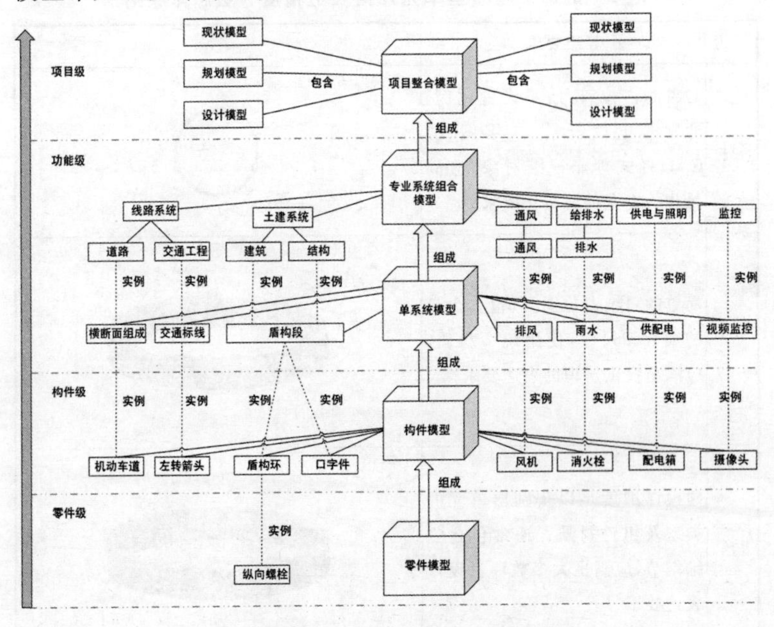

图1　隧道工程模型单元组成关系示例

4.2.8 模型单元的视觉呈现效果，决定了在数字化领域，人机互动时人类是否能够快速识别模型单元所表达的工程对象。当前的工程实践表明，模型单元并不需要呈现出与实际物体完全相同的几何细节，几何表达精度等级体现了模型单元与物理实体的真实逼近程度。

几何表达精度等级一般定义为模型单元在视觉呈现时，几何表达真实性和精确性的衡量指标，用Gx表达。隧道工程模型单元几何表达精度等级总体原则见表2规定。隧道工程构件级模型单元几何表达精度详见附录B。在满足应用需求的前提下，宜采用较低的Gx，包括几何描述在内的更多描述，以信息或者属性的形式表达出来，避免过度建模情况的发生，也有利于控制BIM模型文件的大小，提高运算效率。

表2　隧道工程模型单元几何表达精度等级总体原则

等级	等级要求	图示
G1	对象的占位符号，不设置比例。通常是电气符号、二维图元、CAD样式等非三维对象，应满足相关专业的符号化要求	
G2	简单的三维占位图元，包含少量的细节和尺寸，使用统一材质，应满足仅供辨识的表达要求	
G3	建模详细度足以辨别出单元的类型及组件材质。通常包含三维细节，应满足大多数项目设计表达要求	
G4	模型的位置、几何，应满足生产加工、采购招标、施工管理和竣工验收等表达要求	

4.3 精细度等级

4.3.1 最小模型单元是根据地下空间工程项目的应用需求而分解和交付的最小种类的模型单元。模型精细度是 BIM 模型中所容纳的模型单元丰富程度，简称 LOD。建筑信息模型包含的最小模型单元应由模型精细度等级衡量，隧道工程模型精细度等级总体原则见表 3 规定。

表 3 隧道工程模型精细度等级总体原则

等级	图示	模型信息	包含的最小模型单元	BIM 应用
LOD 1		此阶段模型通常表现隧道整体类型分析的体量，分析包括体积、走向等	项目级模型单元	1. 概念建模（整体模型） 2. 可行性研究 3. 场地建模、场地分析 4. 方案展示、经济分析
LOD 2		此阶段模型包括隧道的大小、形状、位置及走向等	功能级模型单元	1. 初设建模（整体模型） 2. 可视化表达 3. 性能分析、结构分析 4. 初设图纸、工程量统计 5. 设计概算

续表 3

<table>
<tr><th>等级</th><th>图示</th><th>模型信息</th><th>包含的最小模型单元</th><th>BIM 应用</th></tr>
<tr><td>LOD 3</td><td></td><td rowspan="2">此阶段模型已经能很好地用于成本估算以及施工协调包括碰撞检查、施工进度、施工方案以及可视化</td><td>构件级模型单元</td><td>1. 真实建模(整体模型)
2. 专项报批
3. 管线综合
4. 结构详细分析,配筋
5. 工程量统计、施工招投标</td></tr>
<tr><td>LOD 4</td><td></td><td>零件级模型单元</td><td>1. 详细建模(局部模型)
2. 施工安装模拟
3. 施工进度模拟</td></tr>
</table>

5 模型管理

5.2 模型质量

5.2.1 模型创建单位应当对交付模型的质量负责，交付前应进行必要的质量检查和验证，包括碰撞检查、规范验证、设计审查、功能空间核查、功能和性能仿真分析等。

5.4 管理要求

5.4.1 模型文件版本管理信息主要用于区分模型文件的版本、状态、版权等，便于进行模型文件归档管理和高效使用。模型变更描述文件对模型变更进行说明，包括模型变更的原因、内容、位置、影响范围等，有利于对模型变更进行精细化管理。

6　信息管理

6.3　信息共享

6.3.1　地下空间工程项目全生命周期模型信息共享时，应采用统一的信息共享和传递方式。模型信息传递时应保证数据传递的准确性、完整性和有效性，即模型信息在传递共享过程中不产生歧义，不丢失，不失效。

7 协同工作

7.3 统一命名

7.3.1 地下空间工程文件夹的命名应包含顺序码、项目名、分区或系统、工程阶段、数据类型和补充的描述信息。文件命名时可参考以下方式:

示例:顺序码—项目名—分区或系统—工程阶段—数据代码—描述信息。

1 顺序码:用于文件夹排序的数字,建议由4位数字组成,不足补0。

2 项目名:项目官方全称,汉字。

3 分区或系统:工程分区或标段,汉字。

4 工程阶段:可分为规划(P)、设计(D)、施工(C)、运维(O)等,也可继续细分,如设计阶段可分为可行性研究阶段(KY)、初步设计阶段(CS)、施工图设计阶段(SS)等。

5 数据代码:代表文件的确定状态,可参考英国BIM标准,如工作中数据(WIP)、共享数据(Shared)、出版数据(Published)、存档数据(Archived)、外部参考数据(Incoming)、资源库数据(Resource)等。

6 描述信息:可自定义字段,用于进一步说明文件中的内容。避免与其他字段重复。

7.3.2 地下空间工程BIM项目文件的命名宜包含项目代码—、分区或系统、专业代码、桩号、类别和补充的描述信息,由连字符"—"隔开。

示例:项目代码—分区/系统—专业代码—桩号—类型—

描述。

1 项目代码:用于识别项目的代码,由项目管理者制定。

2 分区或系统:工程分区或标段,汉字。

3 专业代码:用于区分项目涉及的相关专业,宜符合表4的规定。

4 桩号:用于识别模型文件所处的定位位置,如果文件不止一个桩号宜用起止桩号表示,用“/”符号分隔起止桩号。

5 类型:当单个项目的信息模型拆分为多个模型时,用于区分模型用途。

6 描述:描述性字段,用于进一步说明文件中的内容,避免与其他字段重复。

模型对象及参数命名可由对象类别、对象名称、对象数据、描述依次组成,由连字符“—”隔开。

示例:对象类别—对象名称—对象参数—描述。

1 对象类别:用于识别对象所涉及的构件或模型单元,宜使用汉字表示。

2 对象名称:用于识别同一类别对象的型号,宜使用汉字或拼音表示。

3 对象参数:用于识别对象的参数信息,如尺寸参数、材质参数、性能分析参数等,宜使用汉字、数字或英文。

4 描述:描述性字段,用于进一步说明对象的属性。避免与其他字段重复。

表 4　专业代码对照表

专业（中文）	专业（英文）	专业代码（中文）	专业代码（英文）
规划	Planning	规	P
建筑	Architecture	建	A
景观	Landscape Architecture	景	LA
室内装饰	Interior Design	室内	ID
结构	Structural Engineering	结	S
给排水	Plumbing Engineering	水	P
暖通	Heating, Ventilation, and Air-Conditioning Engineering	暖	HVAC
强电	Electrical Engineering	强电	EE
弱电	Electronics Engineering	弱电	E
绿色节能	Green Building	绿建	G
环境工程	Environment Engineering	环	EE
勘测	Surveying	勘	SU
市政	Civil Engineering	市政	C
经济	Construction Economics	经	CE
管理	Construction Management	管	CM
采购	Procurement	采购	PC
招投标	Bidding	招投标	B
产品	Product	产品	PD

8 主要应用

8.2 模型应用

8.2.1 地下空间项目一般可划分为规划方案阶段、初步设计阶段、施工图设计阶段、施工图深化设计阶段、施工准备阶段、施工阶段以及运维阶段。BIM 模型宜在各阶段延续应用，避免重复建模。模型应用点应结合项目实际需求和合同约定进行选取。当某些应用点拓展应用于不同的项目阶段时，其应用内容应满足所处阶段应用要求。随着 BIM 技术的逐步完善和发展，模型应用的深度和广度应逐步增强、拓展。

9 规划方案阶段应用

9.1 场地仿真分析

9.1.2 场地仿真分析的流程图可参考图 2。

9.2 交通仿真模拟

9.2.2 交通仿真分析的流程图可参考图 3。

9.3 突发事件模拟

9.3.2 突发事件模拟的流程图可参考图 4。

9.4 规划方案比选

9.4.2 规划方案比选的流程图可参考图 5。

9.5 虚拟仿真漫游

9.5.2 虚拟仿真漫游的流程图可参考图 6。

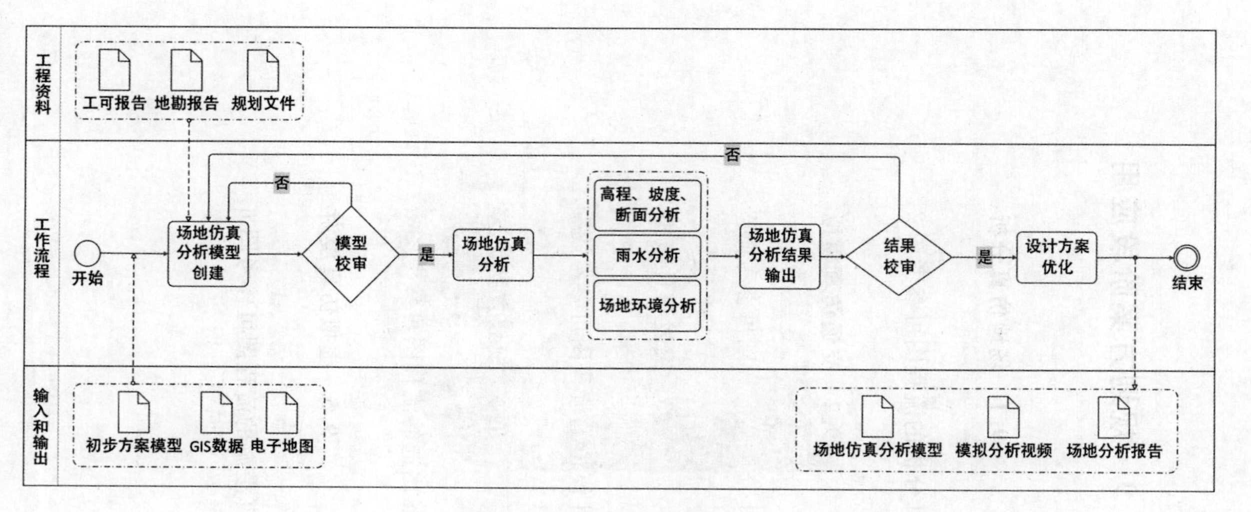

图 2　场地仿真分析流程图

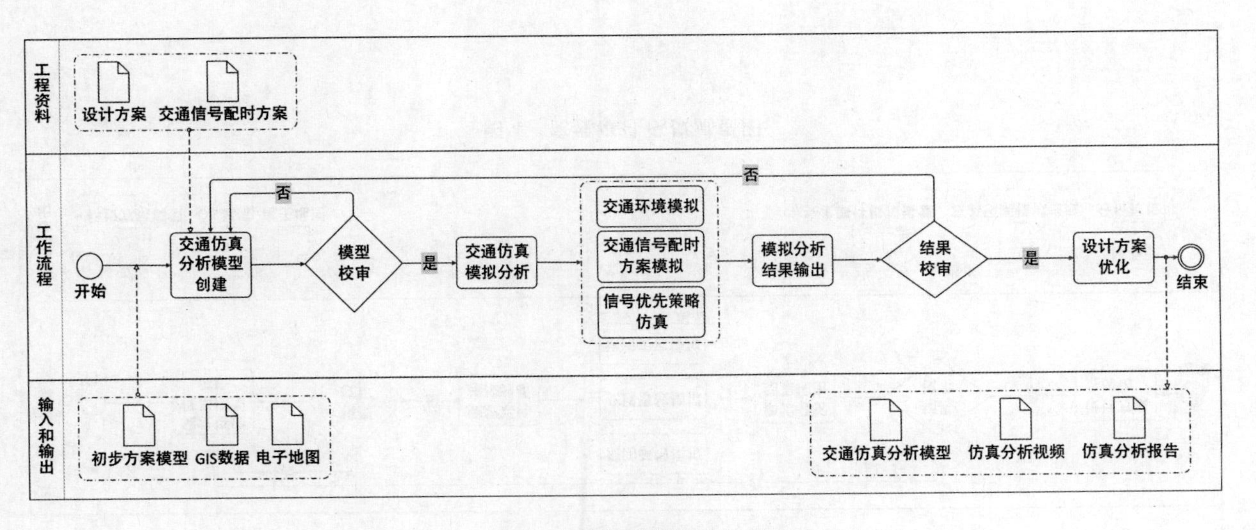

图3 交通仿真分析流程图

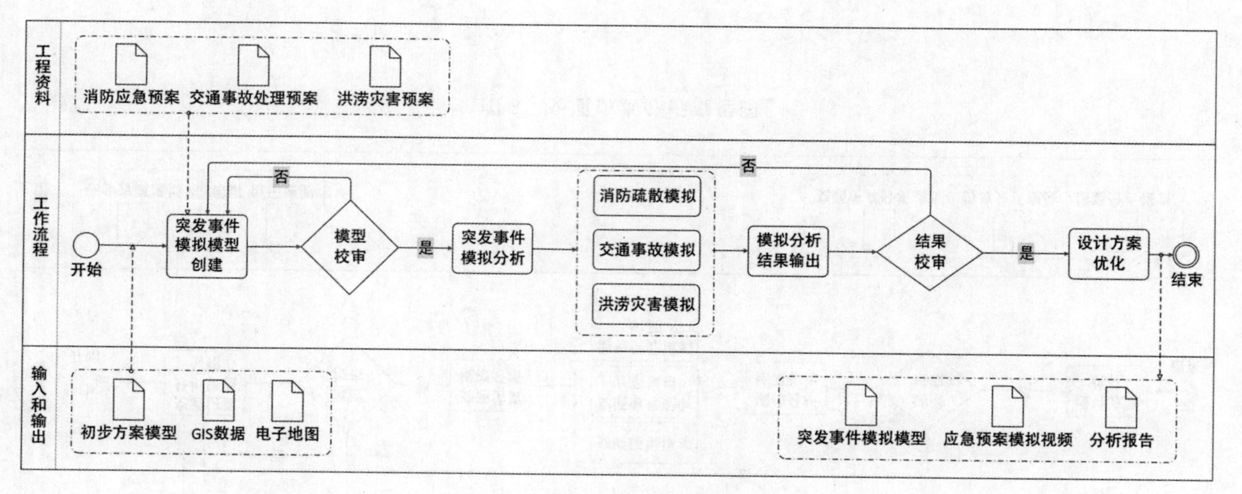

图 4　突发事件模拟流程图

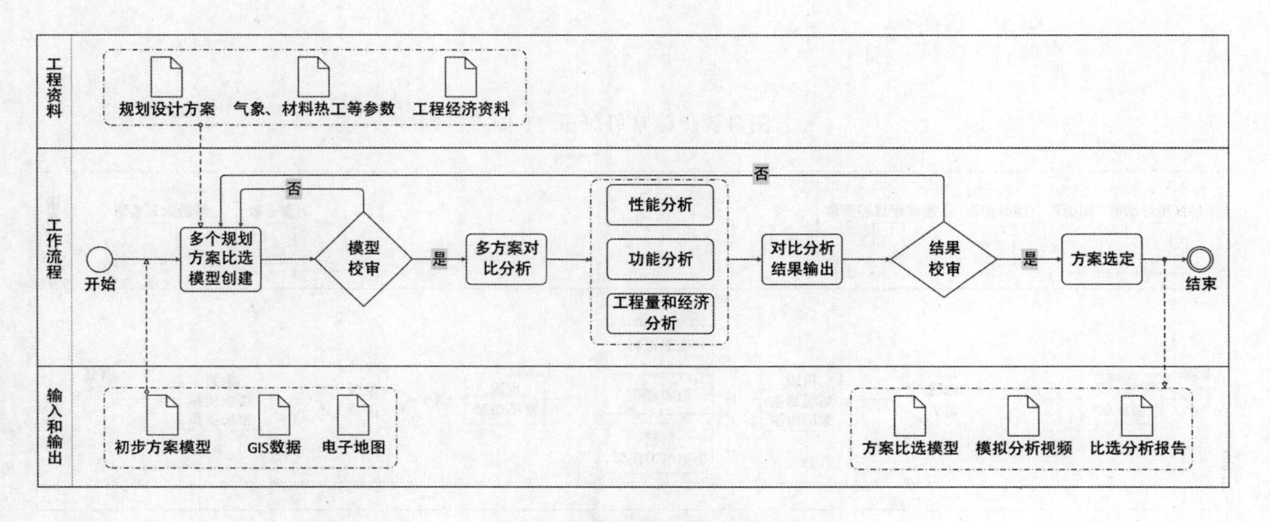

图 5　规划方案比选流程图

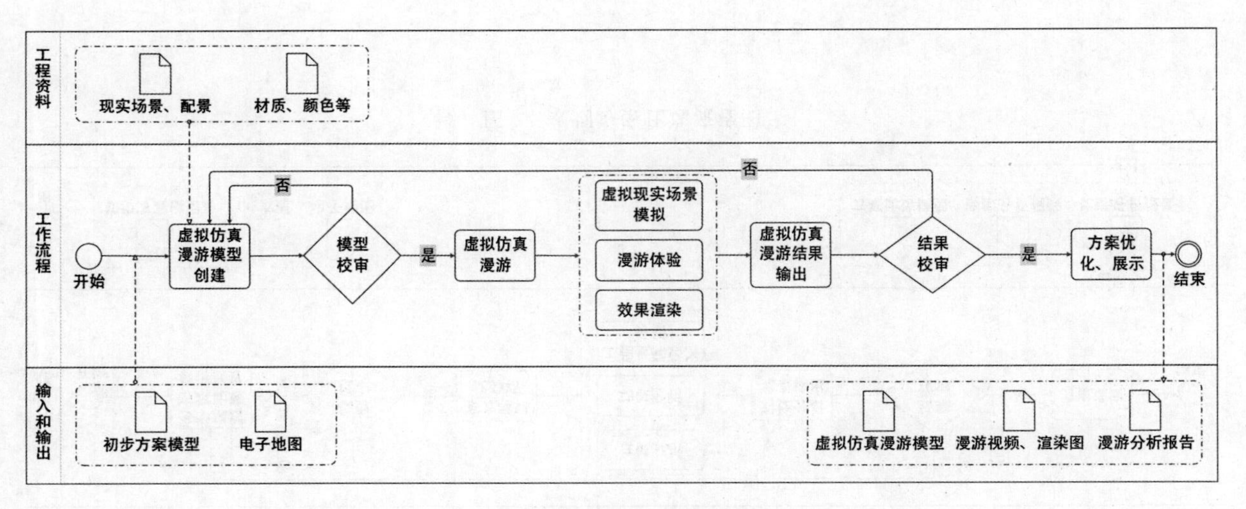

图 6　虚拟仿真漫游流程图

10　初步设计阶段应用

10.1　交通标志标线仿真

10.1.2　交通标志标线仿真的流程图可参考图 7。

10.2　管线搬迁模拟

10.2.2　管线搬迁模拟的流程图可参考图 8。

10.3　道路翻交模拟

10.3.2　道路翻交模拟的流程图可参考图 9。

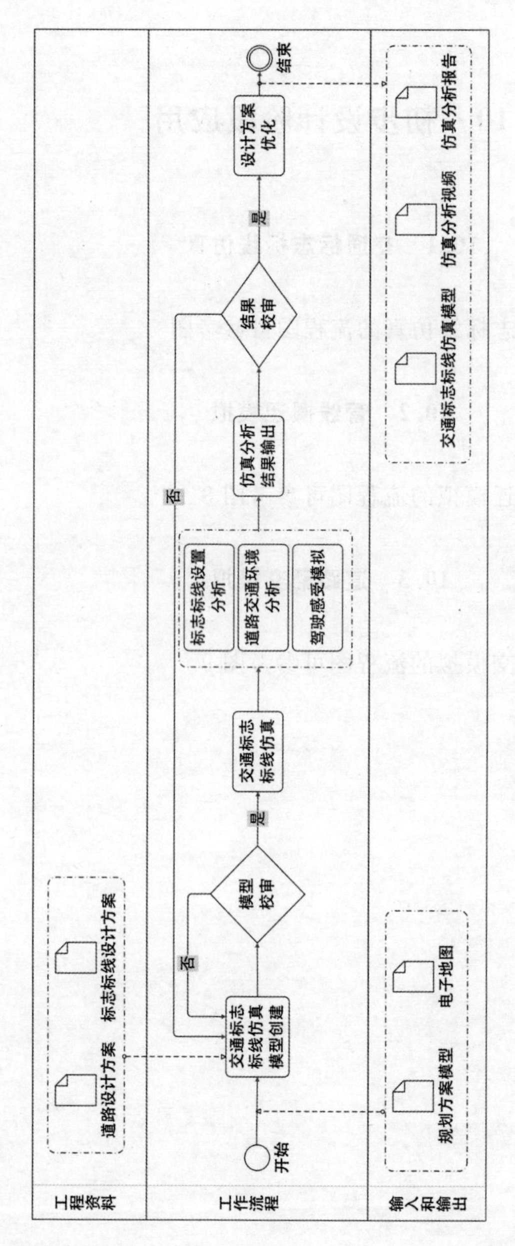

图 7 交通标志标线仿真分析流程图

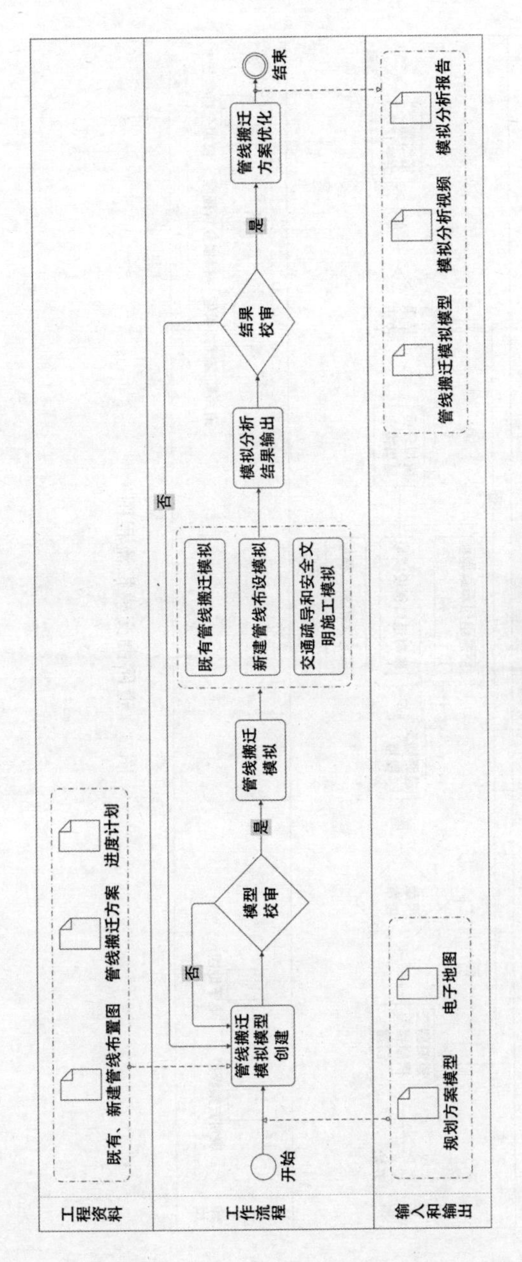

图 8 管线搬迁模拟流程图

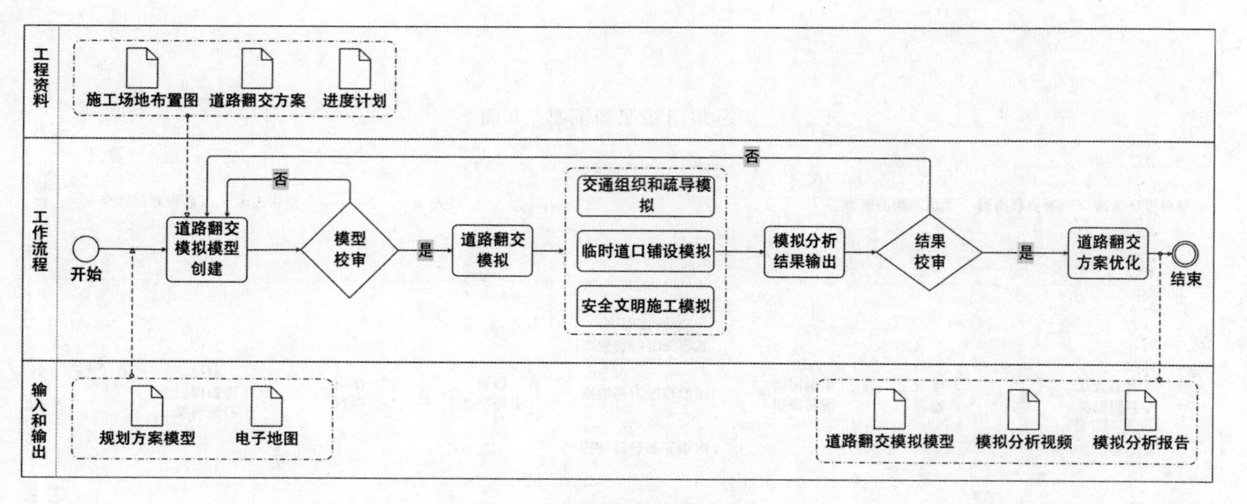

图 9　道路翻交模拟流程图

11 施工图设计阶段应用

11.1 管线综合与碰撞检查

11.1.2 管线综合与碰撞检查的流程图可参考图 10。

11.2 工程量复核

11.2.2 工程量复核的流程图可参考图 11。

11.3 装修效果仿真

11.3.2 装修效果仿真的流程图可参考图 12。

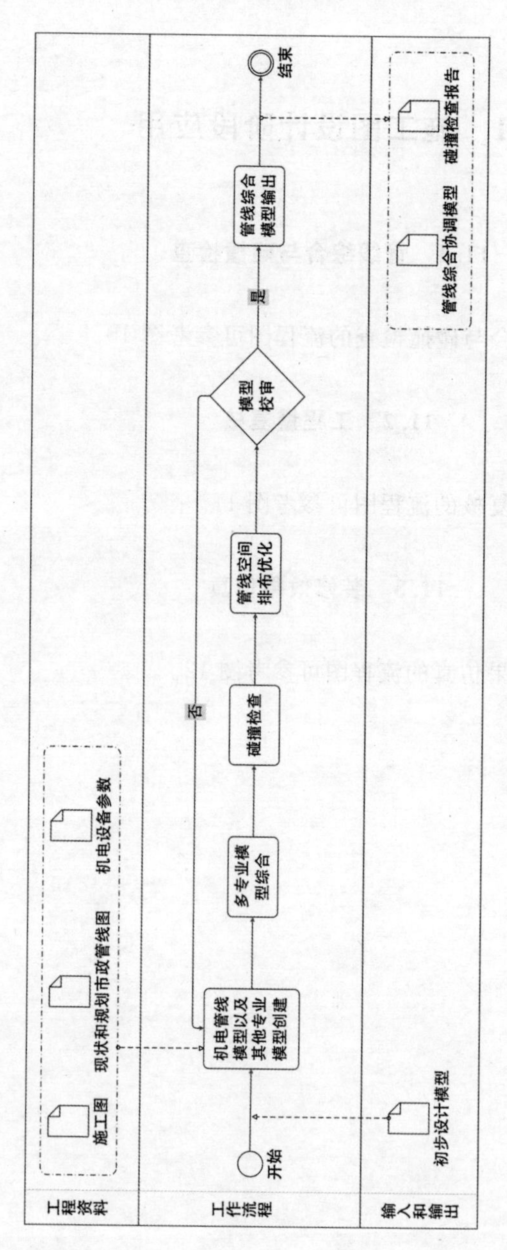

图 10 场管线综合与碰撞检查流程图

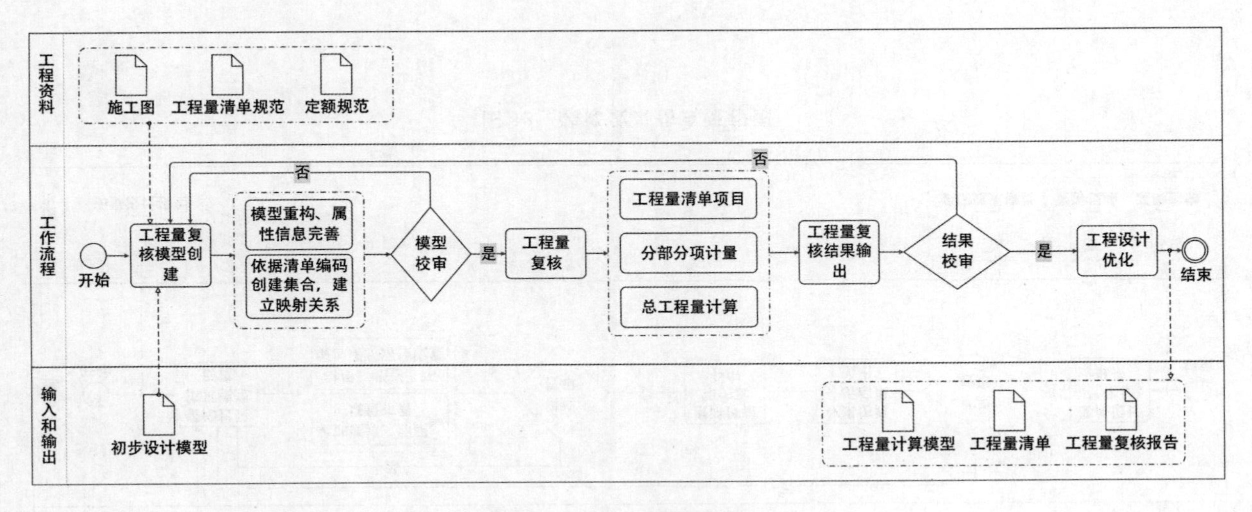

图 11　工程量复核流程图

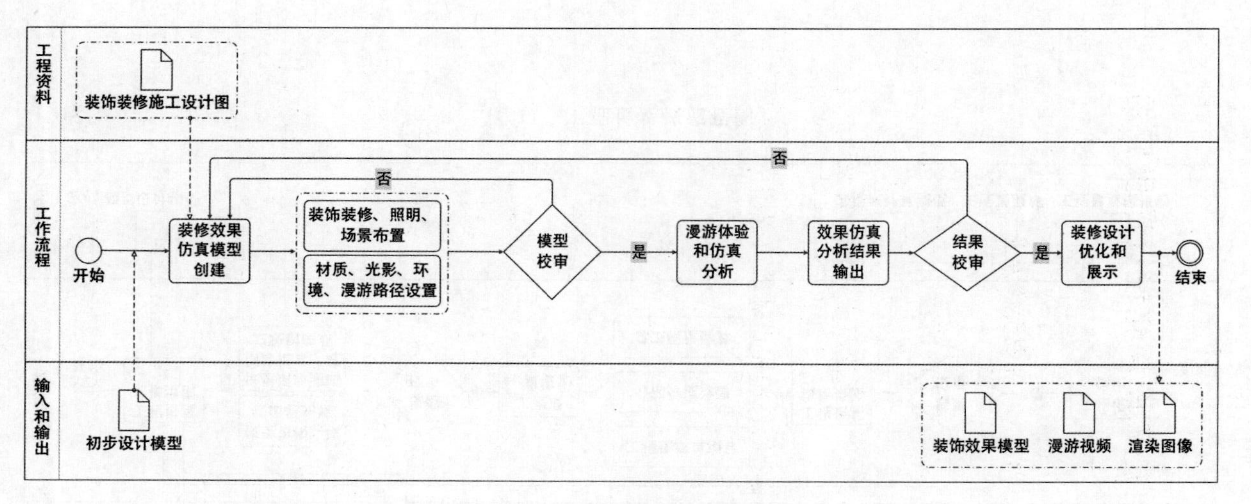

图 12　装修效果仿真流程图

12　施工图深化设计阶段应用

12.1　机电管线深化设计

12.1.2　机电管线深化设计的流程图可参考图13。

12.2　预制混凝土构件深化设计

12.2.2　预制混凝土构件深化设计的流程图可参考图14。

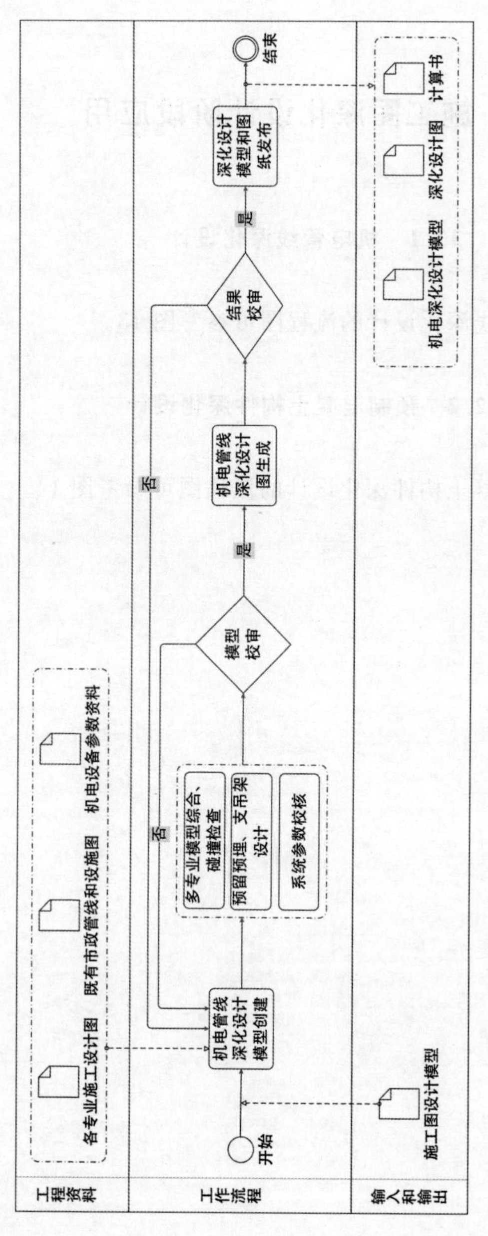

图 13　机电管线深化设计流程图

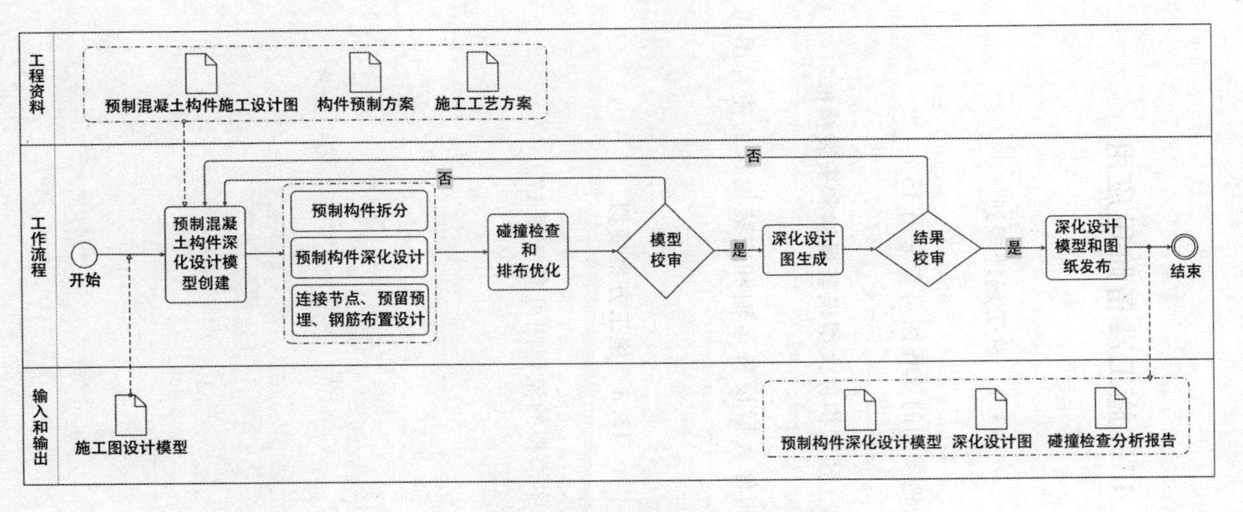

图 14　预制混凝土构件深化设计流程图

13 施工准备阶段应用

13.1 施工场地规划

13.1.2 施工场地规划的流程图可参考图15。

13.2 预制构件大型设备运输和安装模拟

13.2.2 预制构件大型设备运输和安装模拟的流程图可参考图16。

13.3 施工方案模拟

13.3.2 施工方案模拟的流程图可参考图17。

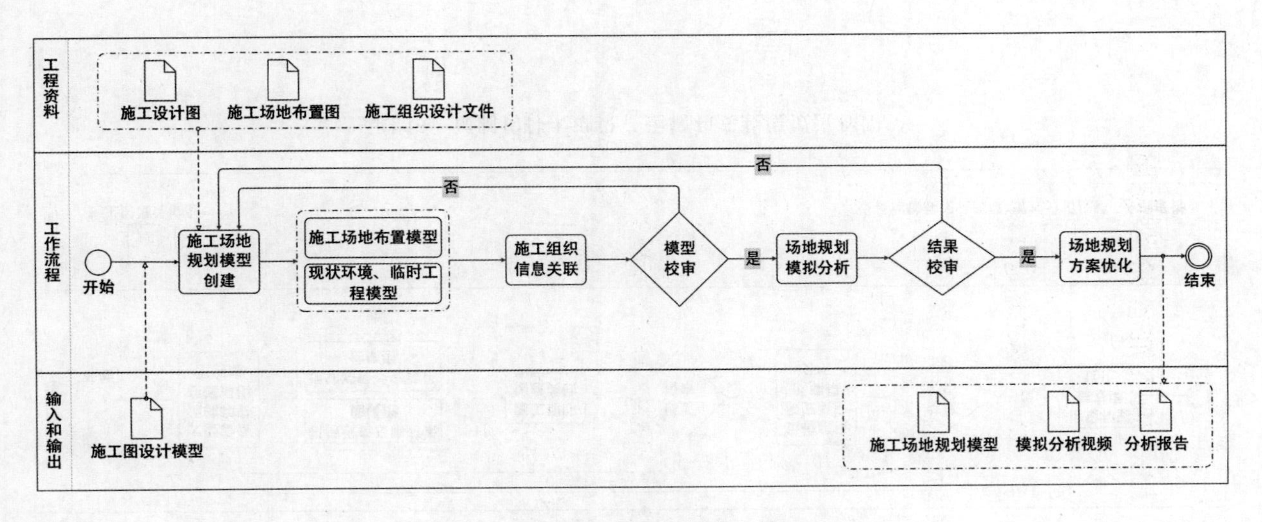

图 15　施工场地规划流程图

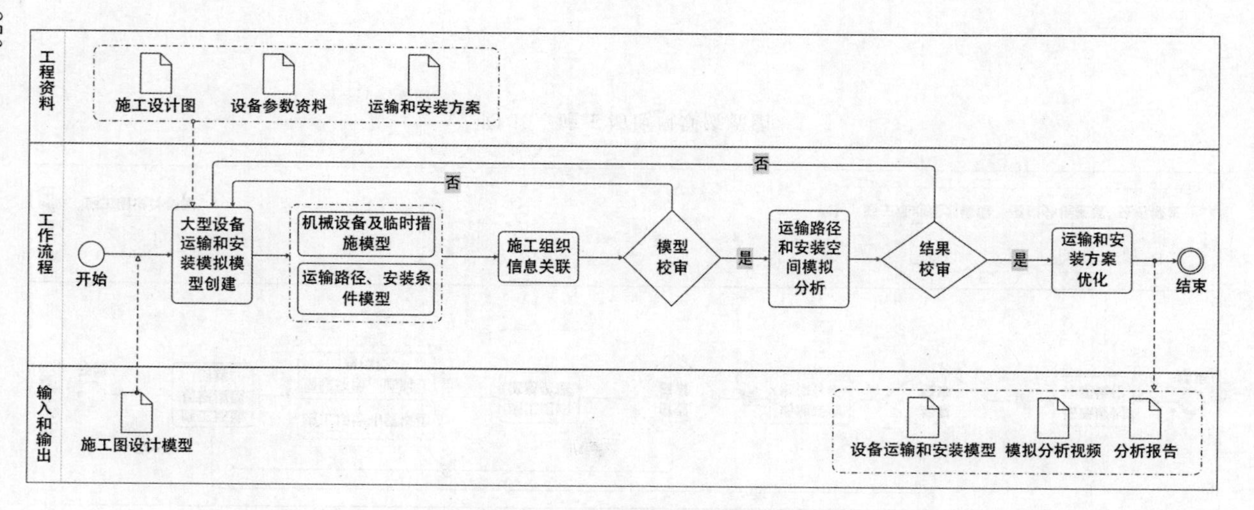

图 16 预制构件大型设备运输和安装模拟流程图

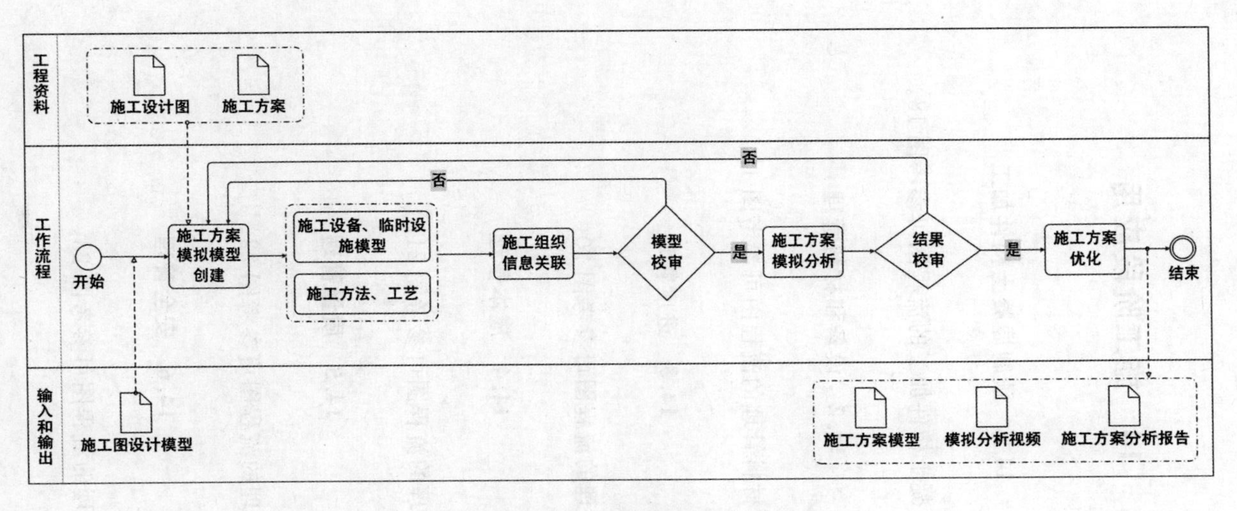

图 17　施工方案模拟流程图

14　施工阶段应用

14.1　预制混凝土构件加工

14.1.2　预制混凝土构件加工的流程图可参考图18。

14.2　设备和材料管理

14.2.2　设备和材料管理的流程图可参考图19。

14.3　进度管理

14.3.2　进度管理的流程图可参考图20。

14.4　成本管理

14.4.2　成本管理的流程图可参考图21。

14.5　质量管理

14.5.2　质量管理的流程图可参考图22。

14.6　安全管理

14.6.2　安全管理的流程图可参考图23。

14.7 竣工验收和交付

14.7.2 竣工验收和交付的流程图可参考图 24。

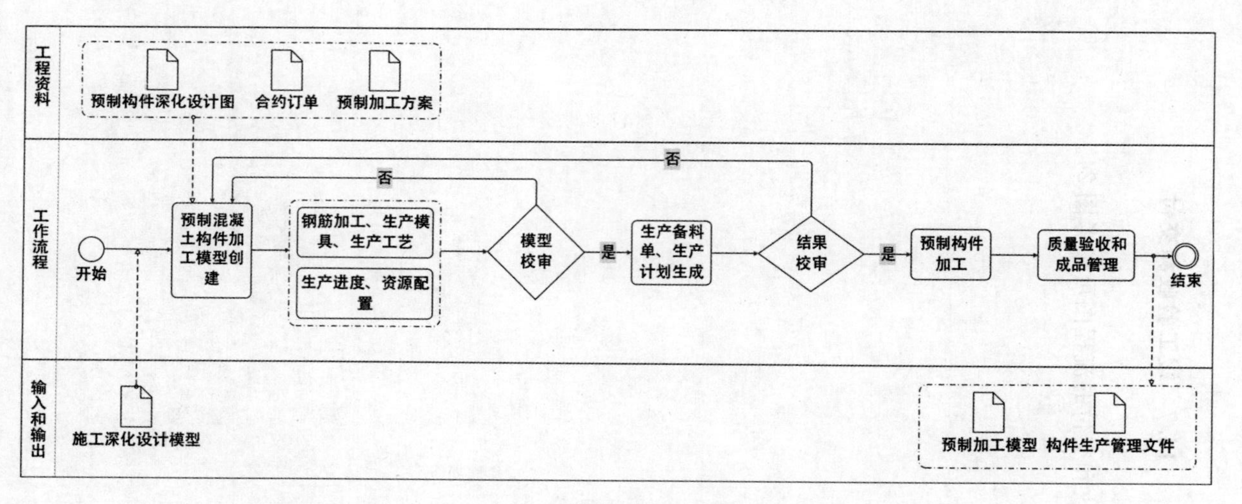

图 18　预制混凝土构件加工流程图

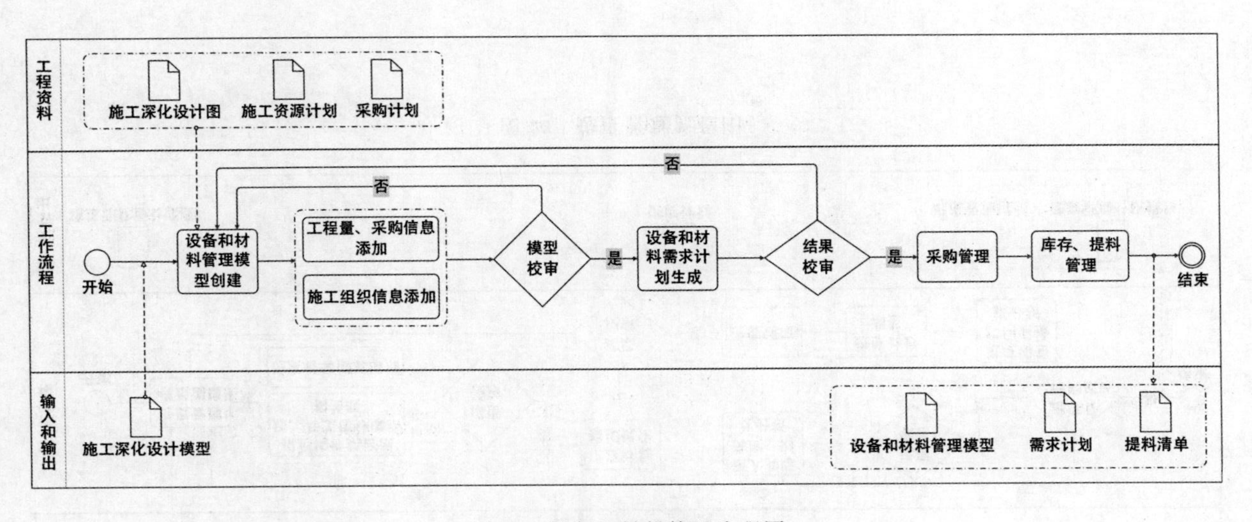

图 19 设备和材料管理流程图

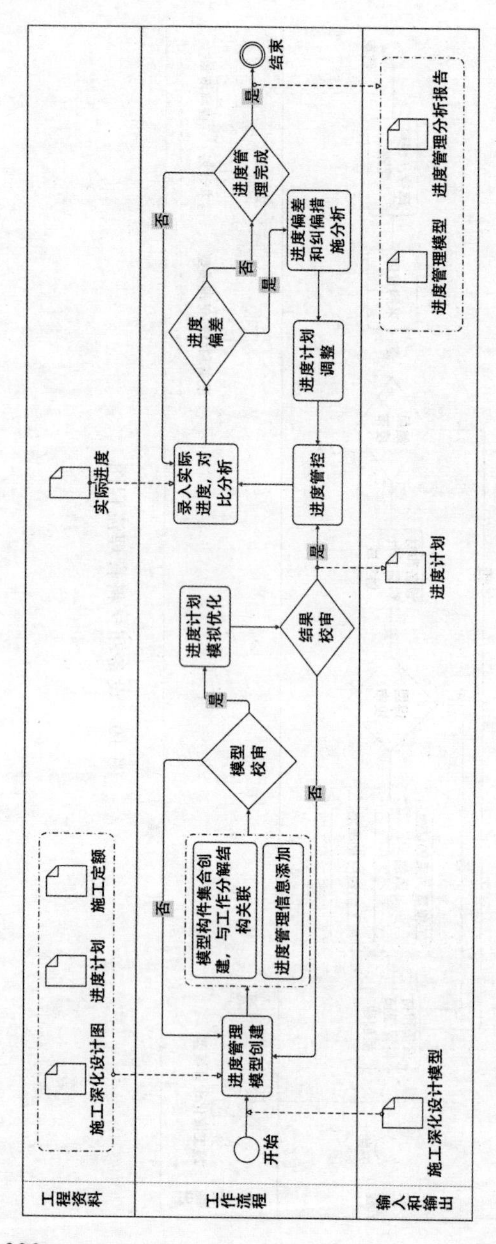

工程资料
工作流程
输入和输出
施工深化设计图
进度计划
施工定额
开始
进度管理模型创建
模型构件集合创建，与工作分解结构关联
进度管理信息添加
模型校审
是
否
进度计划模拟优化
结果校审
是
否
进度计划
实际进度
录入实际进度，对比分析
进度管控
进度偏差
是
否
进度计划调整
进度偏差和纠偏措施分析
进度管理完成
是
否
结束
施工深化设计模型
进度管理模型
进度管理分析报告

图 20 进度管理流程图

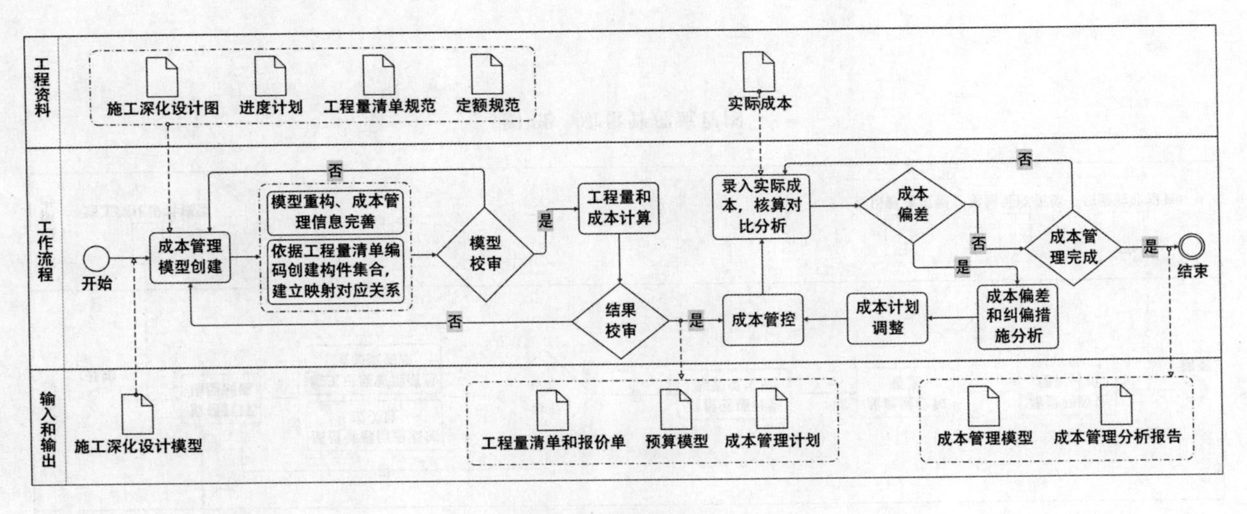
工程资料
施工深化设计图
进度计划
工程量清单规范
定额规范
实际成本
工作流程
开始
成本管理模型创建
模型重构、成本管理信息完善
依据工程量清单编码创建构件集合，建立映射对应关系
模型校审
否
是
工程量和成本计算
结果校审
否
是
成本管控
录入实际成本，核算对比分析
成本偏差
否
是
成本偏差和纠偏措施分析
成本计划调整
成本管理完成
否
是
结束
输入和输出
施工深化设计模型
工程量清单和报价单
预算模型
成本管理计划
成本管理模型
成本管理分析报告

图 21　成本管理流程图

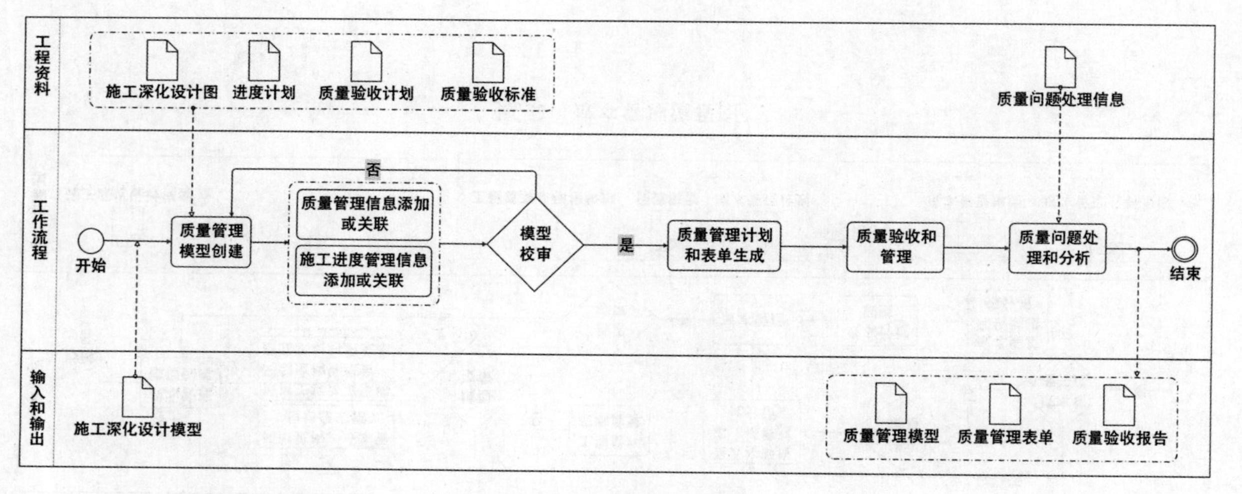
工程资料
施工深化设计图
进度计划
质量验收计划
质量验收标准
质量问题处理信息
工作流程
开始
质量管理模型创建
质量管理信息添加或关联
施工进度管理信息添加或关联
否
模型校审
是
质量管理计划和表单生成
质量验收和管理
质量问题处理和分析
结束
输入和输出
施工深化设计模型
质量管理模型
质量管理表单
质量验收报告

图 22　质量管理流程图

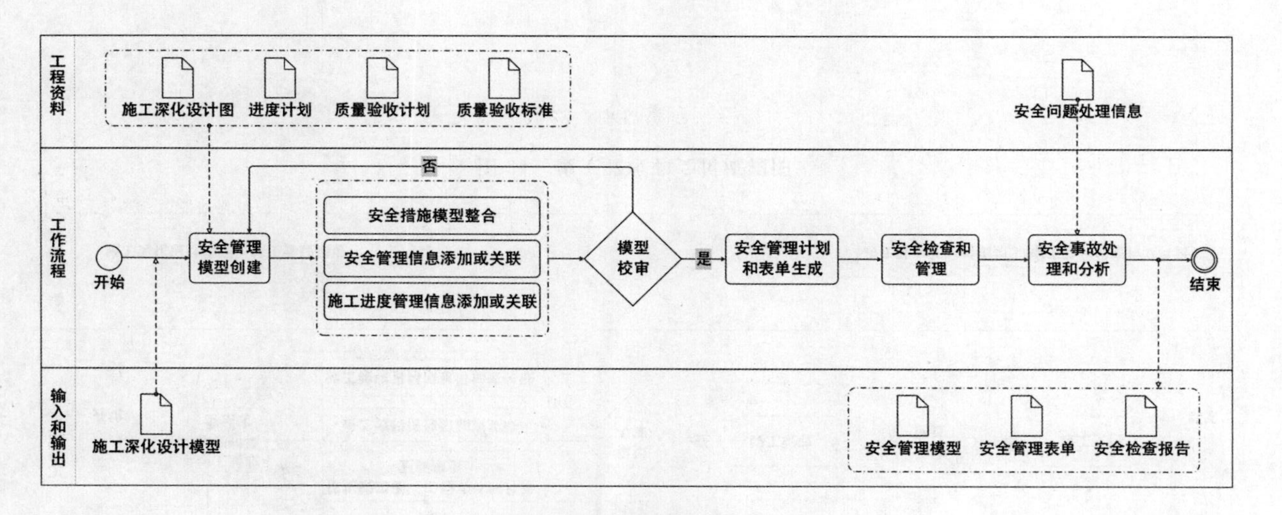
工程资料
施工深化设计图
进度计划
质量验收计划
质量验收标准
安全问题处理信息
工作流程
开始
安全管理模型创建
否
安全措施模型整合
安全管理信息添加或关联
施工进度管理信息添加或关联
模型校审
是
安全管理计划和表单生成
安全检查和管理
安全事故处理和分析
结束
输入和输出
施工深化设计模型
安全管理模型
安全管理表单
安全检查报告

图 23　安全管理流程图

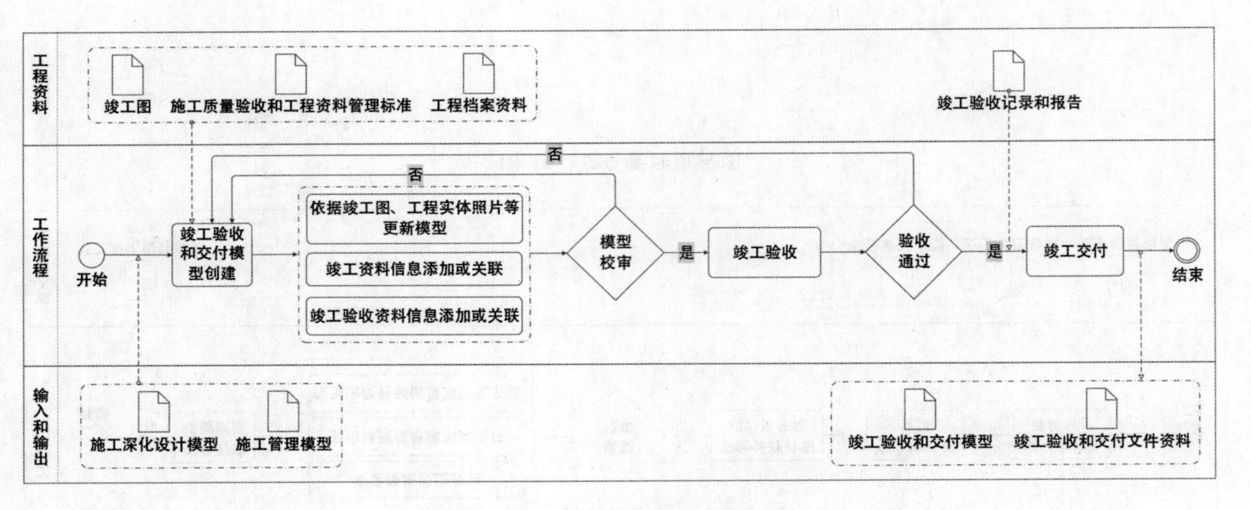

图 24　竣工验收和交付流程图

15 运维阶段应用

15.2 维护管理

15.2.2 维护管理的流程图可参考图25。

15.3 应急管理

15.3.2 应急管理的流程图可参考图26。

15.4 资产管理

15.4.2 资产管理的流程图可参考图27。

15.5 设备集成与监控

15.5.2 设备集成与监控的流程图可参考图28。

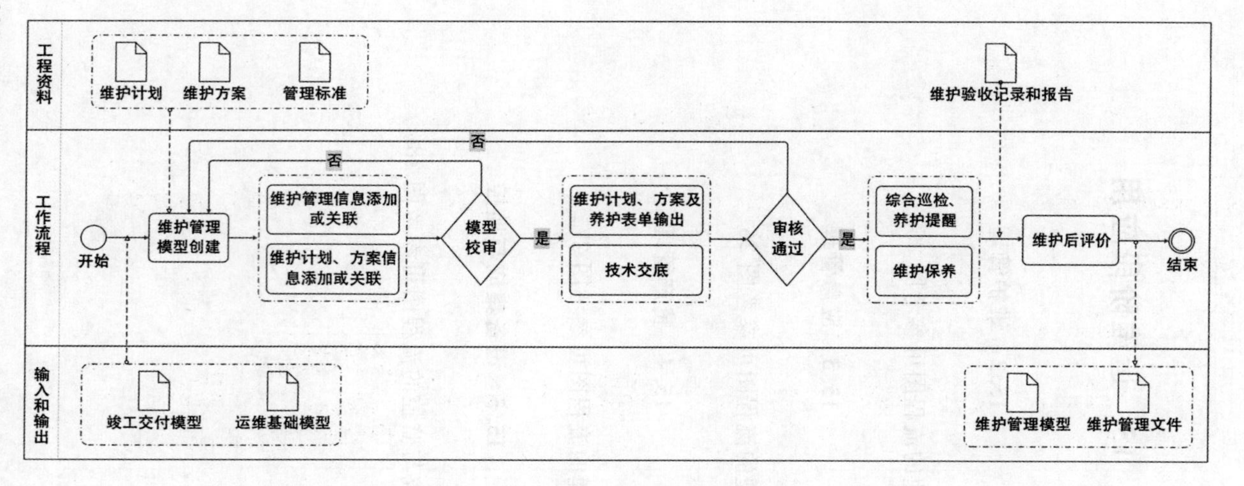
工程资料
维护计划
维护方案
管理标准
维护验收记录和报告
工作流程
开始
维护管理模型创建
维护管理信息添加或关联
维护计划、方案信息添加或关联
否
模型校审
是
维护计划、方案及养护表单输出
技术交底
否
审核通过
是
综合巡检、养护提醒
维护保养
维护后评价
结束
输入和输出
竣工交付模型
运维基础模型
维护管理模型
维护管理文件

图 25　维护管理流程图

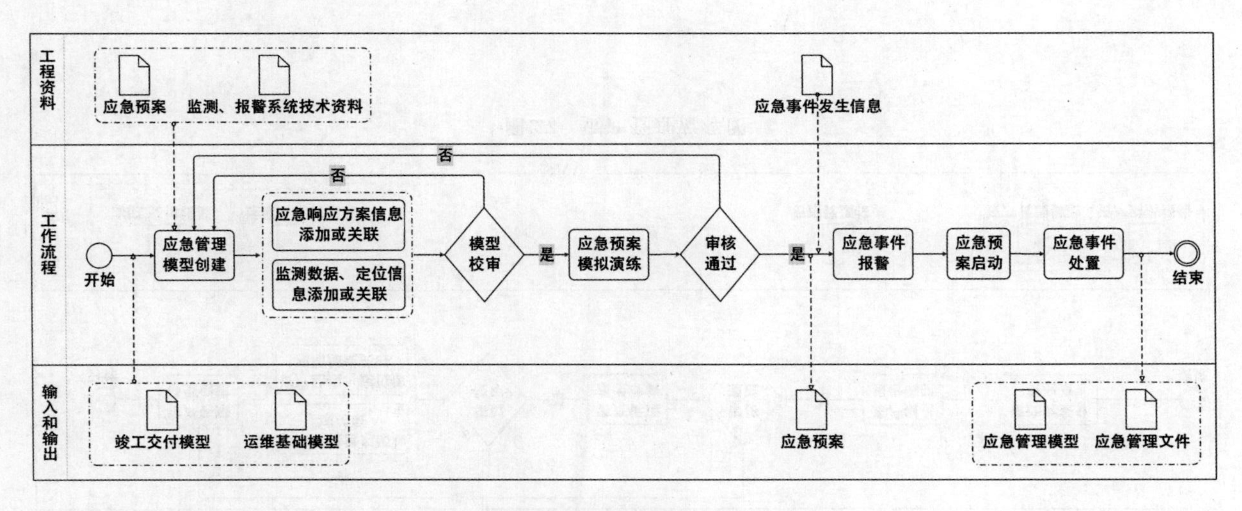
工程资料
应急预案
监测、报警系统技术资料
应急事件发生信息
工作流程
开始
应急管理模型创建
应急响应方案信息添加或关联
监测数据、定位信息添加或关联
模型校审
否
是
应急预案模拟演练
审核通过
否
是
应急事件报警
应急预案启动
应急事件处置
结束
输入和输出
竣工交付模型
运维基础模型
应急预案
应急管理模型
应急管理文件

图 26　应急管理流程图

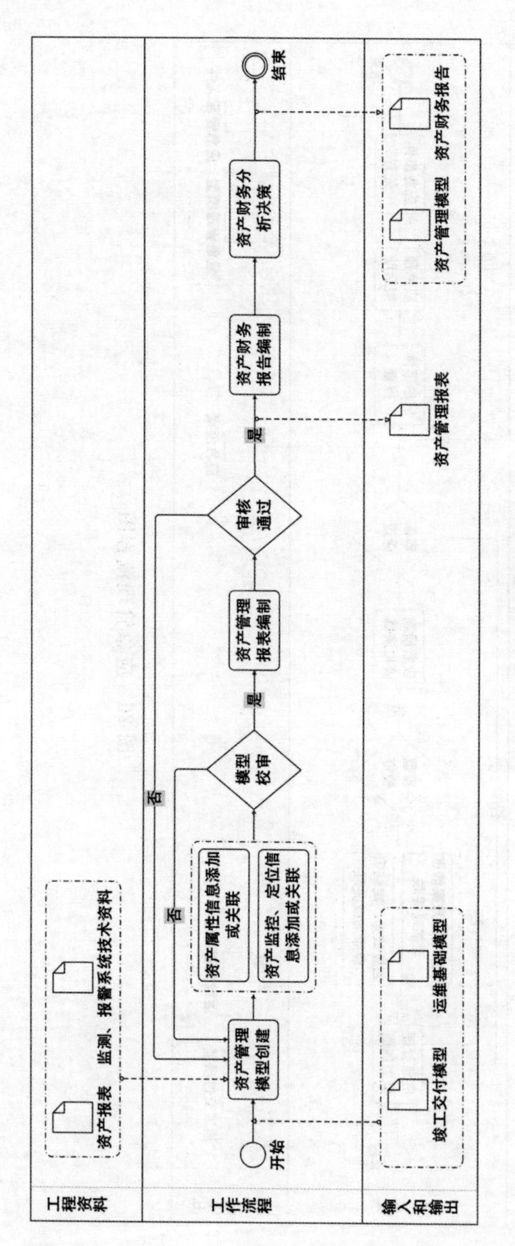
工程资料
工作流程
输入和输出
资产报表
监测、报警系统技术资料
开始
资产管理模型创建
资产属性信息添加或关联
资产监控、定位信息添加或关联
模型校审
否
是
资产管理报表编制
审核通过
否
是
资产财务报告编制
资产财务分析决策
结束
竣工交付模型
运维基础模型
资产管理报表
资产管理模型
资产财务报告

图 27 资产管理流程图

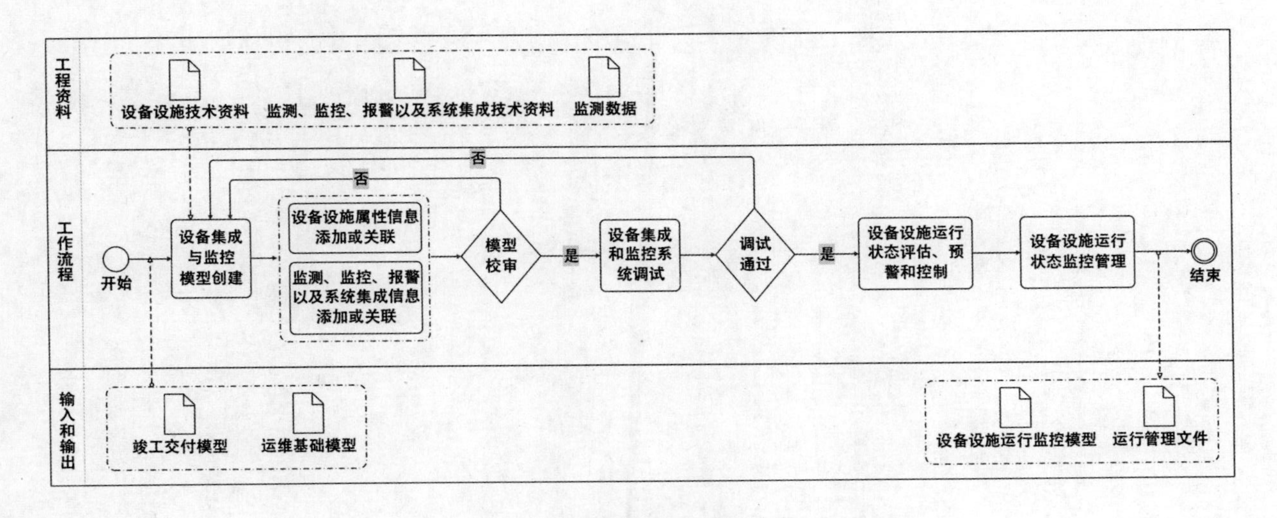

图 28　设备集成与监控流程图